「ざんねんないきもの」とは
一生けんめいなのに、
どこかざんねんな
もの達のことである。

高橋書店

# はじめに

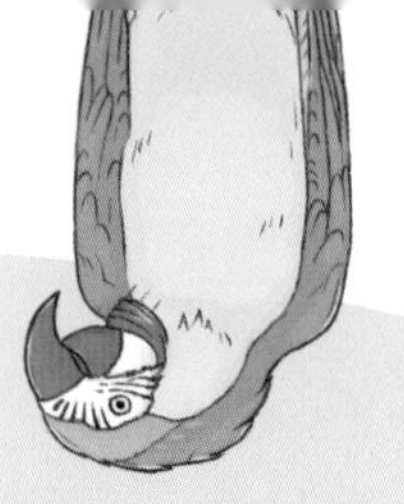

「もっともっと生き物のことが知りたい！」

3000通以上にもなるお葉書をいただき、

『ざんねんないきもの事典』シリーズも、ついに5冊目が出来上がりました。

この本を通じて、何よりうれしかったのは、
生き物に興味をもっている人がたくさんいるとわかったことです。

どんな生き物も、進化をしていくなかで
よくなった部分もあれば、ダメになってしまった部分もあります。
つまり、〝ざんねん〟な部分というのは、「進化の足あと」なのです。
そんな生き物たちのたどってきた足あとに触れることで、

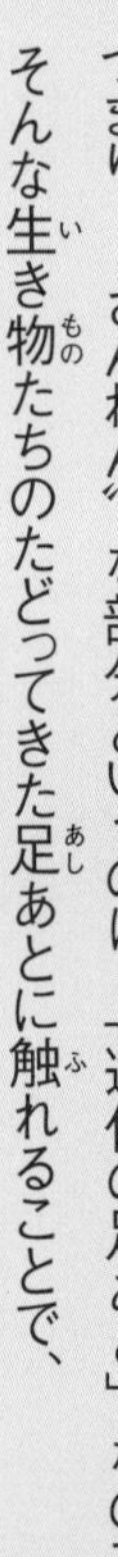

興味や愛情が、よりいっそう増すのではないでしょうか。

そして、わたしたち人間にも、
また人間のなかでも、ひとりひとりに
すごい部分もあれば、ざんねんな部分もあります。
ざんねんな生き物たちのことを知りながら、自分たちのことも
ちょっぴり考えてみてください。きっと、新しい発見があると思います。

この本が、そんなさまざまな〝きっかけ〟をつくるものになれば、
これ以上うれしいことはありません。

今泉忠明

もくじ

## 第3章 生き方がざんねん

## 第5章 こだわりがざんねん

## 第6章 一方的にざんねん

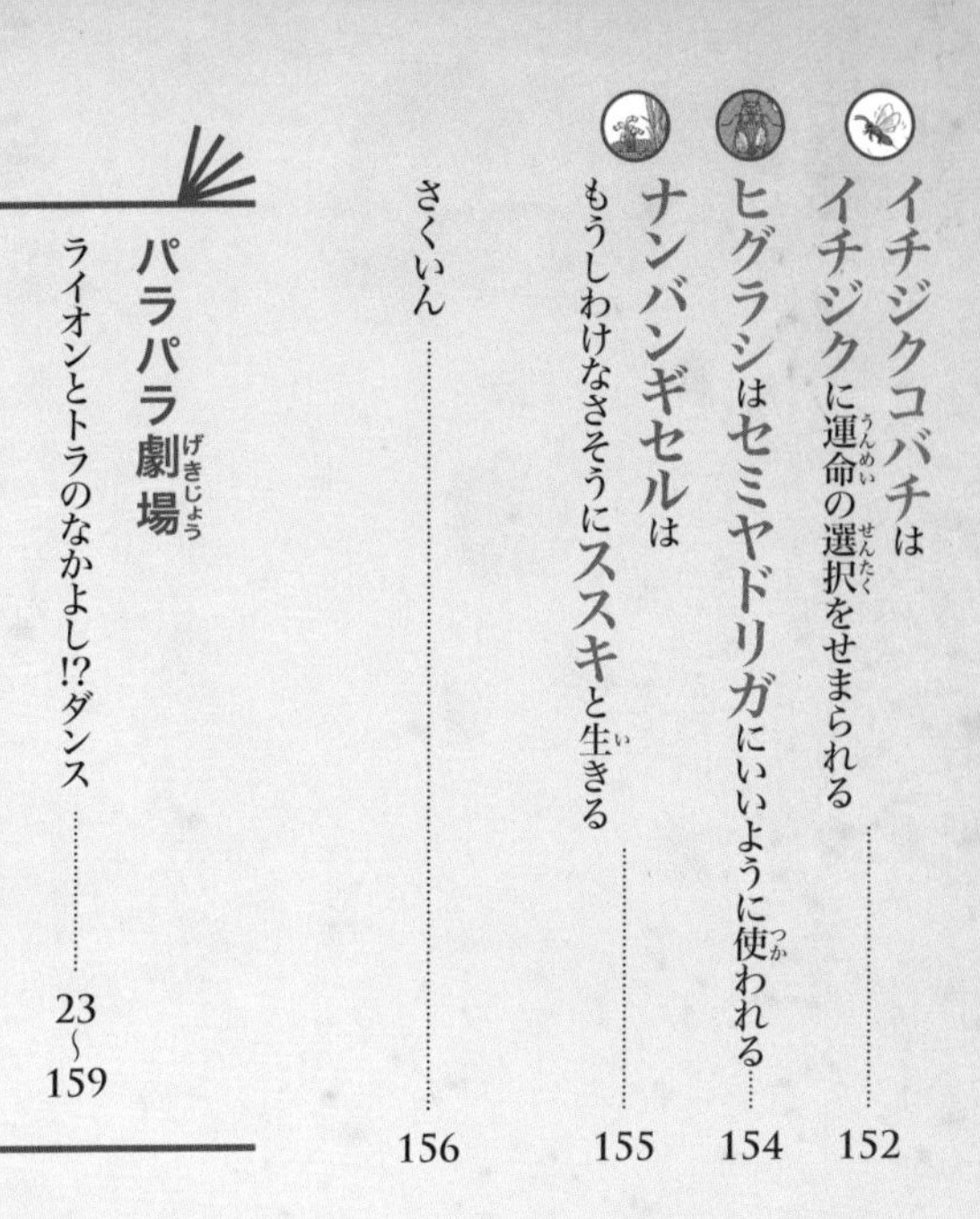




イラスト　下間文恵
　　　　　伊藤ハムスター
　　　　　赤澤英子

執筆　有沢重雄
　　　野島智司

編集協力　キャデック
　　　　　澤田憲

本文デザイン　AD 渡邊民人（TYPEFACE）
　　　　　　　D 清水真理子（TYPEFACE）

DTP　畑山栄美子（エムアンドケイ）
　　　茂呂田剛（エムアンドケイ）

校正　新山耕作

# 歴史のお話

# 第1章 進化の

「ざんねん」のひみつは、「進化」にあります。
生き物たちの進化の歴史のなかに、
どんな「ざんねん」がかくされているのか、
時代を追って、のぞいてみましょう。

地球にいるたくさんの生き物たち。
その始まりは、〝たったひとつの命〟だったと考えられています。
大昔の海でうまれた命は、長い年月をかけて「進化」をくり返すことで
数を増やし、形を変え、体を複雑にしてきました。

しかし、進化をすれば必ず強くなれるわけではありません。
ペンギンが水中を泳げるかわりに、空を飛べなくなったように……
人間が地上を歩けるかわりに、木の上で生活できなくなったように……
進化には、「すごい」部分と同じくらい「ざんねん」な部分があります。
じつは、こうした「ざんねんな進化」があったからこそ
生き物の命は絶えることなく、現在まで続いてきたのです。

はたして、くり返しやってくる危機をどう乗りこえたのか。
進化の歴史を見てみましょう。

およそ46億年前に地球がうまれた。
表面は熱いマグマでおおわれていたが、
数億年かけて冷えていった

# ざんねんな進化の歴史

陸地は少なく、
海でおおわれていた。
気温は55～88度もあった
酸素は昔、猛毒だった！
およそ27億年前に、太陽の光から酸素をつくる「シアノバクテリア」がうまれた。じつは、当時の生き物にとって酸素は猛毒だったが、これをきっかけに細胞が進化。酸素を利用してエネルギーをうみ出す生き物がうまれた。
単細胞生物
38億年前にうまれた。22億年前に地球全体が凍りついたときは、海底から熱い水を出す「熱水噴出孔」の近くで生きのびた。
シクロメデューサ
シアノバクテリア
カルニオディスクス
ディッキンソニア
キンベレラ

## 最初の生命が誕生

最初の生命は、38億年ほど前に海の中でうまれたといわれています。それは「単細胞生物」といって、体をつくる部品である「細胞」がひとつしかない、とても小さな生き物でした。

そこから何億年という時間をかけて、たくさんの細胞が集まり、体の大きな「多細胞生物」がうまれました。この頃の生き物は、ゼリーのようにぶよぶよで、目も骨もなく、体の表面から水中の栄養をこしとってくらしていました。

# 古生代の生き物

数百種類しかいなかった生き物が、
古生代初期には
一気に１万種類近くまで増えた

**初期の魚は超弱かった！**
初期の魚類は小さく、あごがなかったため、かたい殻をもつ節足動物にはかなわなかった。しかし、進化によってかたい歯とあごを手に入れ、節足動物を食べられるようになり、大型化していった。

波打ち際に生えていた植物から、乾燥に強いコケ植物がうまれ、陸に広がっていったと考えられている

**ミロクンミンギア**
知られる限り最古の魚

**アノマロカリス**
カンブリア紀最強の節足動物。大きな目で獲物を見つけ、２本の腕でつかまえて食べた

**ハルキゲニア**

## 陸上生物があらわれる

やがて、目や歯をもつ生き物がうまれました。これにより「食べる・食べられる」の生存競争が激しくなり、かたい殻やトゲトゲで身を守る「節足動物」がたくさんあらわれたのです。一方で、魚類の祖先もうまれましたが、まだ金魚くらいのサイズしかなく、かげでひっそりと生きていました。

ところが約4・5億年前に地球全体が急激に寒くなり、海にいた生き物の85％もの種が絶滅。かげで生きのびた魚類は、少し

ずつ数や種類を増やし、栄えていきました。また、植物が海から陸へ広がり、植物を食べる昆虫もあらわれ始めました。

(〜2億5100万年前)ペルム紀
石炭紀
デボン紀
メガネウラ
エダフォサウルス
ディプロカウルス
海で食べ物がとれず上陸！
大型の魚が海を支配するようになると、小さく弱い魚は食べ物の少ない浅瀬に追いやられていった。そのなかから、ひれを足に進化させ、陸を歩いて食べ物をとりにいく生き物（両生類）がうまれた。
イクチオステガ
魚類から進化した初期の両生類。丈夫な骨をもち陸上を歩いた
ダンクルオステウス
古生代最大最強の魚類。強いあごと、かたいウロコをもつ
カメロケラス

4億〜3億年前になると、大型化した魚類が海を支配するように。そんななか、えらではなく肺で呼吸し、4本足で地面を歩く「両生類」が陸に進出しました。さらに、両生類が進化して、現在のヘビやトカゲの祖先である「は虫類」もうまれたのです。陸上では、シダ植物が広大な森をつくり、この森の恵みを受けて、昆虫やは虫類は巨大化していきました。

(1億9960万年前～)
三畳紀(2億5100万年前～)
中生代の生き物
エウディモルフォドン
最古の翼竜
ほ乳類は弱くて助かった!
この時代、ほ乳類は小さくて弱く、恐竜に食べられないように森の中でかくれて生活をしていた。しかし、体が小さかったおかげで、隕石が落ちて多くの植物や動物が死んでも、少ない食べ物で生きのびられた。
ステゴサウルス
植物食恐竜
アデロバシレウス
最古のほ乳類。夜行性で、昆虫をつかまえて食べていた
エラスモサウルス
史上最大の首長竜

## 大恐竜時代の到来

およそ2・5億年前の地球は、空気があたたかく乾いていて、陸地がどんどん砂漠になっていきました。そのため乾燥に強いは虫類が栄えました。

は虫類のウロコでおおわれた体は水分が失われにくく、さらに水がない場所でも卵の中で子どもを育てられたからです。

は虫類は、大きく「単弓類」と「双弓類」の2つのグループに分かれました。単弓類からは、わたしたちヒトも属する「ほ乳類」の祖先がうまれました。

(～6600万年前)白亜紀
ジュラ紀
6600万年前に巨大な隕石が落下し、
地球は一気に寒くなった
パラサウロロフス
植物食恐竜
恐竜は虫歯に苦しんだ!?
原始的なは虫類は、あごの骨と歯が直接つながっていたが、恐竜の歯は人間と同じく「歯槽」(あごの骨にある穴)にはまっていた。これにより、かむ力をコントロールでき、エネルギーの節約につながったのだが、かわりに穴に菌が入り、虫歯に苦しめられるようになった。
ティラノサウルス
最強の肉食恐竜。大きくするどい歯で、ほかの恐竜の肉を引きちぎって食べた
トリケラトプス
植物食恐竜
シノサウロプテリクス
別名「羽毛恐竜」。長さ5㎜ほどの毛が全身をおおっていた


一方、双弓類からうまれたのが恐竜です。陸上で植物や肉を食べる恐竜のほか、海を泳ぐ魚竜や首長竜、空を飛ぶ翼竜もうまれました。

またジュラ紀には、一部の恐竜が体に羽を生やすようになりました。この羽が、やがて大きな翼に進化して、現在の「鳥類」の祖先がうまれたのです。

ところが6600万年前に巨大な隕石が地球に衝突！ 衝撃で舞い上がった大量のちりで、太陽の光がさえぎられて地球はどんどん寒くなりました。そして恐竜は絶滅してしまいました。

# 新生代の生き物

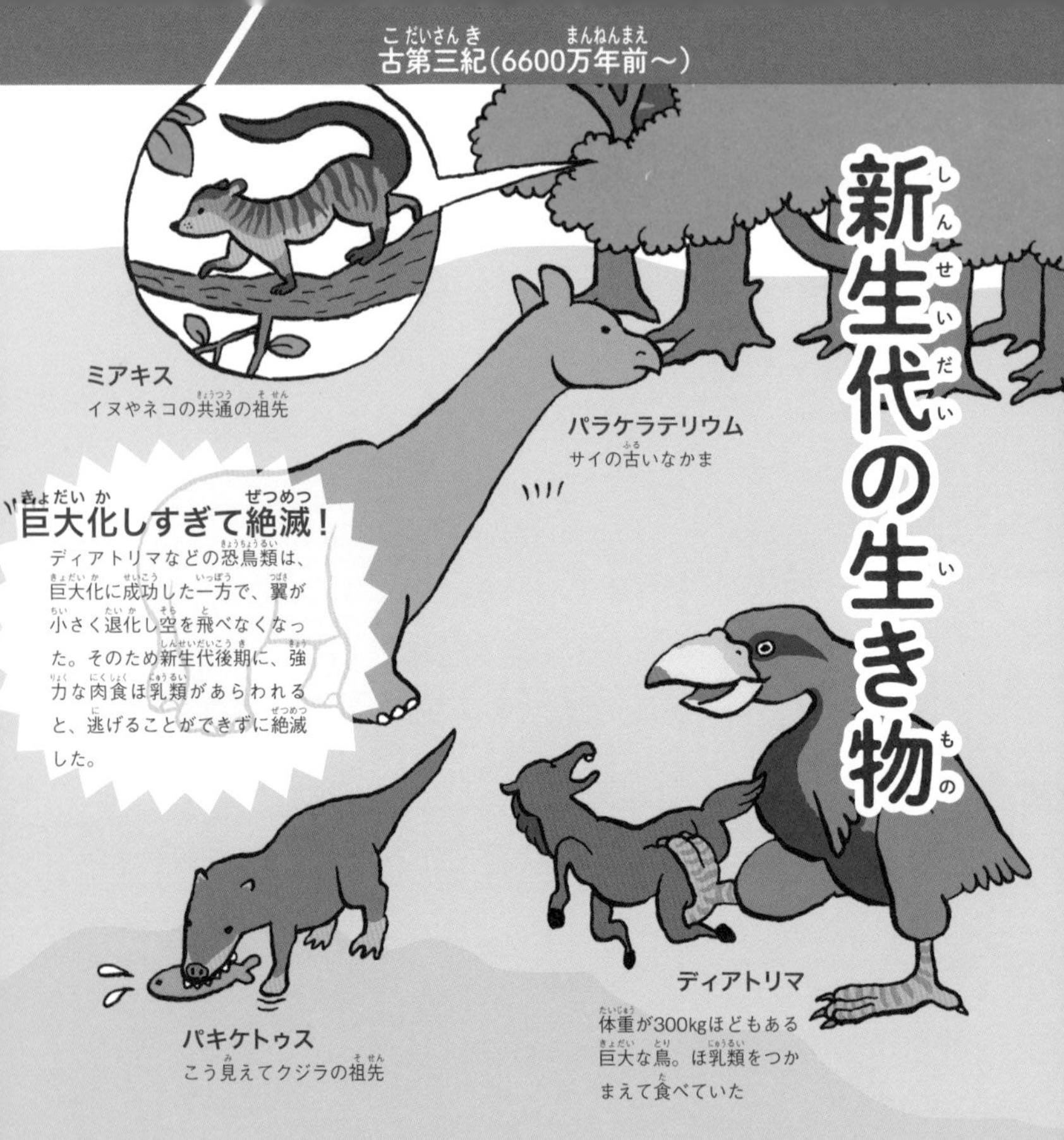

古第三紀（6600万年前〜）
ミアキス
イヌやネコの共通の祖先
パラケラテリウム
サイの古いなかま
巨大化しすぎて絶滅！
ディアトリマなどの恐鳥類は、巨大化に成功した一方で、翼が小さく退化し空を飛べなくなった。そのため新生代後期に、強力な肉食ほ乳類があらわれると、逃げることができずに絶滅した。
パキケトゥス
こう見えてクジラの祖先
ディアトリマ
体重が300kgほどもある巨大な鳥。ほ乳類をつかまえて食べていた

## 鳥類とほ乳類が栄える

恐竜が絶滅したことで、鳥類とほ乳類が一気に種類と数を増やしました。なかでも鳥類は、恐竜がいなくなった大地でどんどん体を巨大化させたのです。やがて、空を飛ばずに陸を走って獲物をつかまえる鳥がうまれ、鳥類は陸上動物の王様に。一方、ほ乳類も少しずつ巨大化していましたが、まだ鳥にはかないませんでした。

ところが新生代の後半から、鳥類とほ乳類の立場が逆転し始めます。地球の気温が下がり、

新生代中期から、大陸移動の影響で地球が冷えていった。森林は減り、草原が広がった

## 指が少なくなって生存！

ウマは、もともと前脚に4本の指があったが、進化とともに数が減っていき、1本指になった。いっけんざんねんに思えるが、指の数が減ったことで地面を蹴る力が集中し、より速く走れるようになった。

メリキップス
ウマの祖先

サモテリウム
キリンの祖先

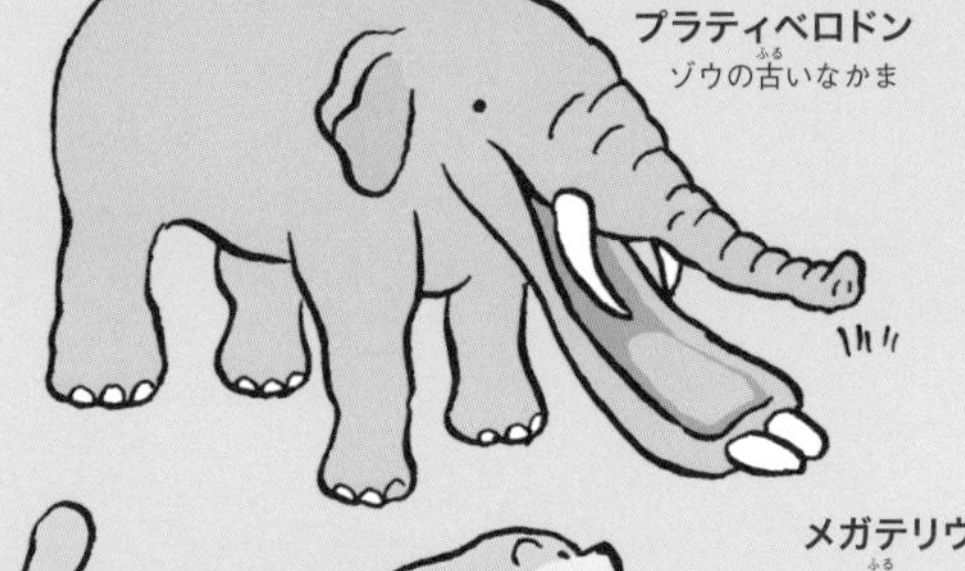

プラティベロドン
ゾウの古いなかま

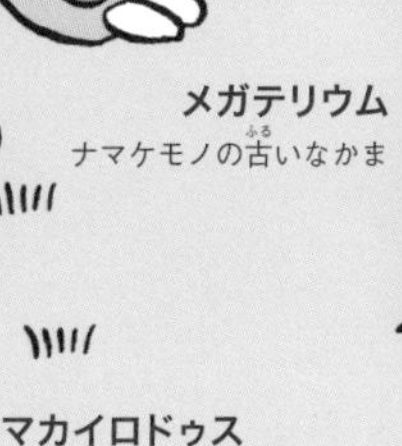

メガテリウム
ナマケモノの古いなかま

マカイロドゥス
ネコ科の肉食ほ乳類

森林が少なくなったことをきっかけに、たくさんのほ乳類が森を出て草原に生活の場を広げていったのです。

森から出たほ乳類は、さまざまな姿に進化することで草原の生活に適応していきました。

たとえば、首や鼻を長くのばしたことで、木の葉や水を楽に口に運べるようになったもの。また、足を長くのばしたことで、すばやく走って獲物をつかまえたり、敵から逃げられるようになったもの。こうした生き物が、今のキリンやゾウ、ウマなどの祖先になったのです。

# 人類の進化

ラミダス猿人
もっとも古い人類の祖先

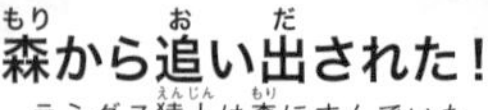

## 森から追い出された！

ラミダス猿人は森にすんでいたが、ほかのサルにくらべて木登りが下手だった。そのため森林が減ると、ほかのサルたちにすみかを奪われ、草原に追い出されてしまった。しかし、これが二足歩行に進化するきっかけとなった。

ホモ・ハビリス
２本の足で立って歩き、石器などの道具を使うようになった

道具と言葉を手に入れた人類は、マンモスなどの大型動物を協力して狩るようになった

ホモ・サピエンス

ホモ・エレクトゥス
火を使って肉を調理したほか、集団でくらすようになった

## 2本足で地上に立つ

人類の祖先となる「猿人」は、森から草原へ追い出されたサルのなかからうまれました。草原はかくれる場所が少ないため、体を大きく見せたり、遠くまで見渡したりするため2本足で立つようになり、やがて二足歩行ができる体に進化したのです。

さらに、両手が自由になったことで木の棒などの「道具」を使うようにもなりました。自分たちで道具や家をつくるようになると、村や町などの「文明」を築いていったのです。

いかがでしたか？
必ずしも「強い生き物」だけが生き残ってきたわけではないことが
進化の歴史からわかったと思います。

もっといえば、何が「強く」て、何が「弱い」かなんて、わかりません。
無敵に思えた生き物が、気温の変化であっさり絶滅する一方で
すみにかくれていた生き物が、数万年後には地球の主役になっていたりします。
環境によって、「強い」と「弱い」は、かんたんにひっくり返るのですね。
だから、「すごい」部分と同じくらい、「ざんねん」な部分も大切なのです。

大事なのは、みんな違っていること。その違いを認め合い、残していくこと。
生き物には、数え切れないほどたくさんの個性があるからこそ
どんな時代や環境になっても
命は途切れることなく、未来につながっていきます。

ねん

# 第2章
# 体がざんねん

**大きい、小さい、かたい、やわらかい……**
**みんな体が違って当然です。**
**でも思わず、「どうしてそうなった!?」と**
**つっこみたくなる体をした生き物たちを見てみましょう。**

パラパラ劇場

ライオンとトラの
なかよし!?ダンス

# ヒメアルマジロはもはやおすし

アルゼンチンの砂漠を歩いていると、地面にいきなりおすしが落ちていることがあります。白いシャリの上に、きれいなピンク色のネタ。これは、サーモンでしょうか? 中トロでしょうか?

いえいえ、この物体の正体は**世界最小のアルマジロ**、ヒメアルマジロです。アルマジロといえば頑丈な甲羅がとくちょうですが、ヒメアルマジロは**夜行性で昼間はほとんど土の中に引きこもっています**。そのため**か体の色素がうすく、甲羅に流れる血の色がすけてサーモンピンクに見える**ようです。

やはりおいしそうに見えるのか、野良犬に食べられがちなのだとか。

**プロフィール**

ほ乳類

■**名前**　ヒメアルマジロ
■**生息地**　アルゼンチンの砂漠
■**大きさ**　体長10cm
■**とくちょう**　穴ほりが得意で、前足でほった土をうしろ足でけり飛ばす

Q ウロコヤモリは敵におそわれると、どうなる?

➡答えは26ページ

ざんねん度
とほほほほほほほほほ

# チンチラはぬれたら、もう乾かない

フワフワの毛皮をもつチンチラ。ひとつの毛穴から50〜200本ともいわれるほど、**毛が密集して生えています**。かれらは標高の高い寒くて乾燥した山にくらしていますが、この毛のおかげで、いつも体はポカポカなのです。

ところが、水にぬれると一大事。**あまりにも毛の量が多いため、一度ぬれるとしぜんには乾かず**、体にかびが生えたり、ひどいと病気になったりすることも。なんとか**乾かしても毛の表面の油分が流れて、ゴワゴワになってしまいます**。

もしもペットのチンチラが水にぬれてしまったら、タオルでやさしくふいてあげてください。

プロフィール

ほ乳類

| | | | |
|---|---|---|---|
| ■名前 | チンチラ | ■大きさ | 体長25㎝ |
| ■生息地 | チリ北部の高山 | ■とくちょう | 美しい毛皮を目当てに狩られ、絶滅の危機にある |

ざんねん度
とほほほ

# アフリカゾウは こだわりの岩でおしりをかく

やっぱりこれが気持ちいいゾウ

アフリカゾウのむれは、東京ドームおよそ１０００個分の土地のなかを、食べ物や水を求めて、グルグルと歩き回りながら生活しています。

そのルート上にあるのが、ゾウたちが選んだ「こだわりの岩」。そこにくると、**大きなおしりをちょうどよい角度で岩のとがった部分に当て、ゴシゴシとこすりつけます**。わたしたち人間のように手でおしりをかけないゾウは、この**こだわりの岩でかゆい部分をかいている**のです。

何千年も歴代のゾウたちのおしりをかいてきた岩は、ピカピカに磨かれて光を放っているのだとか。

プロフィール

ほ乳類

- **名前** アフリカゾウ
- **生息地** アフリカのサバンナ
- **大きさ** 体長6.8m
- **とくちょう** 歯がすり減ると、次の歯が奥から前に出てくる

A 24ページの答え→ はだかになる（ウロコがはがれる）

# コノハムシは葉っぱに似すぎて食べられそうになる

世界には、**ほかの動物や植物に形や色がそっくりで、敵の目をあざむける「擬態」**の名人がたくさんいます。そんな擬態界の王者ともいえるのが、コノハムシです。

かれらは葉っぱに擬態しているので、鳥の目をあざむけ食べられないのですが、その様子は、もはや芸術。**形や質感はもちろん、葉脈や先が少し枯れた感じも完全再現。**さらに、**卵まで動物のうんこにそっくり**というすきのなさです。

ところが、あまりにも葉っぱそっくりに進化した結果、今度は**シカなどの植物食動物に食べられそうになることが**あります。完璧すぎて、逆にピンチをまねいています。

プロフィール

昆虫類

- **名前**　コノハムシ
- **生息地**　東南アジア、インドの熱帯林
- **大きさ**　体長7.5㎝
- **とくちょう**　グアバやマンゴーの葉を食べる

# ケープアラゲジリスは金玉を引きずる

そば屋の店先などで、竹がさをかぶったタヌキの置き物を見たことがありますか？　どの置き物も、異様に金玉が大きくつくられていますが、実際のタヌキの金玉は、こんなに大きくはありません。

しかしアフリカには、タヌキの置き物職人もびっくりの**金玉が巨大な生き物が実在**しています。それが、ケープアラゲジリスです。

**金玉の大きさは、なんと体の20%**。あまりの大きさに、**地面に引きずらないと歩けないほど**です。メスとの交尾のチャンスが少ないため、**確実に子孫を残せるように金玉が大きくなった**そうですが、顔とのギャップが激しすぎます。

プロフィール

ほ乳類

- **名前**　ケープアラゲジリス
- **生息地**　アフリカ南部の乾燥した草原
- **大きさ**　体長25㎝
- **とくちょう**　長いしっぽを日傘のようにも使う

→答えは30ページ

ざんねん度
とほほ

# ヨシゴイはいつもがにまた

ヨシゴイさまのお通りだぜ〜

ヨシゴイは、**池や沼に生える「ヨシ」という草の茂みでくらします。**明け方や夕暮れにしか活動せず、目立たないように生きるかれらですが、体の使い方は超個性的。

かれらは鳥ですが、**水草の上をがにまたで歩きます。**下半身だけ中のおじさんが出ちゃった着ぐるみキャラクターのようで、見てはいけないものを見てしまった気分になりますが、これが水草の上ではベストな移動方法なのです。

また**危険を感じると、骨が変形したのではと思うほどに首をのばして、左右にゆれます。**草に化けているつもりのようですが、緑色の草のなかだと色でバレバレです。

**プロフィール**

鳥類

- **名前**　ヨシゴイ
- **生息地**　アジアの水辺
- **大きさ**　全長37㎝
- **とくちょう**　模様や色が野菜のミョウガに似ているといわれる

# アゲハチョウのきれいな羽の模様は食べかす

模様が取れたら元にはもどりません

ヒラヒラと舞うアゲハチョウ。その美しい羽をつかむと、細かい粉が指につきますが、この粉は「鱗粉」といいます。この**鱗粉のおかげで羽に水や汚れがついても、はじき落とされる**のです。

鱗粉はキラキラと光って、とてもきれいなのですが、材料は幼虫時代の食べかすです。アゲハチョウは、幼虫（イモムシ）→サナギ→成虫（チョウ）と成長しますが、**鱗粉はサナギの時期に、幼虫時代に食べたもののかすや、いらないものを使ってつくられます。**

ただし、**鱗粉がはがれると飛べなくなってしまう**ため、かすといえども大切なことはたしかです。

プロフィール

昆虫類

- **名前** ナミアゲハ
- **生息地** 日本全国の草原など
- **大きさ** 前ばねの長さ5.5㎝（夏型）
- **とくちょう** 幼虫はミカン科の木の葉を食べる

# イチゴの実は小さなつぶつぶのほう

　イチゴがひとつのったショートケーキがあります。さて、イチゴの実は何粒あるでしょうか。

　正解は、**ひと粒……ではなく、大体300粒**です。じつは、いつも食べている赤くておいしい部分は「花床」といって、もともとは花がついていた土台のようなところ。**本当のイチゴの実は、表面にある小さなつぶつぶのほう**です。

　多くの植物では、受粉すると「子房」という種を包んでいる部分がふくらみ果実となります。しかし**イチゴの場合、なぜか子房ではなく土台の部分がふくらみます。**その結果、いちごの果実は目立たない存在になってしまいました。

プロフィール

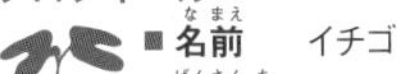

植物

■名前　イチゴ
■原産地　アメリカ、チリ
■大きさ　直径4.5cm
■とくちょう　日本には、江戸時代にオランダ人によって伝えられた

# セイウチは首をふくらませて寝ないと、おぼれる

北極の海でくらすセイウチは、寝るのが大好き。数匹〜数十匹がおり重なるようにして眠るので、氷の上でも体が冷えません。

ただし、セイウチの**体重は約1t**。1匹でラグビー選手10人分くらいの重さがあるので、**何十匹も集まると、氷が割れて冷たい海にドボンと落ちてしまう**こともめずらしくありません。

ところがかれらは、**首（食道）のまわりにある袋を浮き輪のようにふくらませる**ことで、落ちてしまっても、**つねに頭が水の上に出る**というのです。おぼれずに眠り続けることができるなんて守備力が高すぎますが、いったいどれだけ眠たいのでしょうか。

**プロフィール**

ほ乳類

- **名前**　セイウチ
- **生息地**　北極海周辺の氷上や海岸
- **大きさ**　体長3m
- **とくちょう**　5cmにもなる厚い脂肪で寒さから身を守る

# マメンチサウルスは自慢の首をもち上げられない

マメンチサウルスは、長い首と尾をもつ巨大な恐竜。首を上げると約11mと、ビルの4階に届くほどの高さになり、高い木の葉を食べていたと考えられてきました。

ところが最近の研究で、かれらは**首をもち上げられなかった**という説が出ています。仮に11mの高さに頭があったら、**血液を送るために人間の約9倍の※血圧が必要**となり、とても多くのエネルギーが使われてしまいます。つまり「コスパが悪い」のです。

**実際は、首が水平のままで届く植物を食べていた**と思われますが、それなら何のための長い首なのかとモヤモヤが残ります。

※心臓から送り出される血液が血管の壁をおす力のこと

プロフィール

は虫類

- **名前** マメンチサウルス（絶滅種）
- **生息地** 中国の草原など
- **大きさ** 全長26m
- **とくちょう** 全長の約半分は首の長さとされる

A 32ページの答え→ フナ

# ヤマビスカーチャは銭湯につかるおじいちゃんのよう

南アメリカの高山に行くと、ヤマビスカーチャに会えます。かれらがくらすのは標高700〜5100mもの場所。**気温がとても低いため、モコモコの毛で体をおおっています。**この毛が汚れてしまうと寒さが防げなくなるため、毛づくろいは欠かせません。

また、毛皮だけでは体温が上がりません。そのためかれらは、**ひまさえあれば日光浴をします。**じっと目を閉じて太陽の光を浴びる姿は、まるで銭湯のお湯につかったまま動かないおじいちゃんのよう。いつもウトウト気持ちよさそうですが、**生き残るために必死**なだけなのです。

プロフィール

ほ乳類

■ **名前**　ヤマビスカーチャ
■ **生息地**　南アメリカ大陸西部の山地
■ **大きさ**　体長40㎝
■ **とくちょう**　ウサギのような見た目だが、ネズミのなかま

# クジラの耳くそは超巨大

人間は耳かきで耳をそうじしますが、クジラはそうもいきません。しかも、中に水が入らないように耳の入り口が閉じているため、洗い流されることもなく、**ゴミが一生たまり続ける**のです。

たまりにたまった**耳くそは、長さ50cm、重さ1kgほど。**ちょっとした木製バットくらいのサイズ感です。そんな大物がつまっていたのでは、耳が聞こえないのではないかと心配になりますが、**低周波を使うので問題はない様子。**

それればかりか、この耳くそは木の年輪みたいになっていて、クジラの**年齢やストレス度までわかる**というから、あなどれません。

プロフィール

ほ乳類

- **名前** ザトウクジラ
- **生息地** 世界中の海
- **大きさ** 体長13m
- **とくちょう** 胸ビレがとても長く、学名は「大きい翼」の意味

Q ラッコは全身毛むくじゃらだが、ゆいいつ冷たい部位は？ →答えは38ページ

# ホッキョクギツネは超鈍感

極寒の地にくらすホッキョクギツネは、最強の防寒機能をもっています。ほかのキツネにくらべて**鼻や耳が短く、体の熱が外に逃げにくい**のです。また、**フサフサのしっぽ**は、ふとんのように体全体を包んであたためることが可能。きわめつきは全身の毛の仕様。**外側はかたくて長い毛、内側はやわらかくて短い毛のダブルコート**で、吹雪からも体を守ってくれます。

このような最強装備をもっているためか、かれらは寒さに鈍感です。**マイナス70度でも行動でき、マイナス80度でもたえられる**というから、気づかないうちに凍ってしまいそうで、ドキドキします。

プロフィール

ほ乳類

- **名前**　ホッキョクギツネ
- **生息地**　北極圏のツンドラ
- **大きさ**　体長55㎝
- **とくちょう**　冬毛は白く、夏毛は茶色っぽくなる

# アオアシカツオドリは足の青さでモテ度が決まる

アオアシカツオドリの足は、ペンキでぬったように真っ青。しかもオスは、**足が青ければ青いほどメスにモテる**というのです。

かれらの**足が青い理由は、食べ物**にあります。アオアシカツオドリの主食はイワシなどの小魚で、これらの魚には「カロテノイド」という色素が含まれています。この**色素が足にたくわえられること**で、**どんどん青くなる**のです。

つまりメスからすれば、足が青いオスほど、「たくさん魚を食べている」→「生き残りやすい」→「好き!!」となります。オスもそれがわかっていて、**足を交互に上げるタップダンスで求愛します。**

プロフィール

鳥類

- ■名前　アオアシカツオドリ
- ■生息地　中央〜南アメリカ北部の海岸
- ■大きさ　全長85㎝
- ■とくちょう　海に飛びこんで魚をとるが、食べ物の魚が不足している

# ションブルクジカは角がりっぱすぎて絶滅した

引っかかってもシカたないじゃない

　ションブルクジカは、かつてタイの湿地帯でくらしていたシカのなかま。**どのシカよりも大きな角をもち、**30以上に枝分かれした角をもった個体もいたといいます。

　ところがりっぱすぎる角が、かれらに不幸をまねきました。**飾りものや漢方薬の材料として高い値段で売れたため、**次々にハンターに狩られてしまったのです。

　また、すんでいた湿地が水田に変えられ、かれらは森に追いやられました。そこで**大きな角が木の枝に引っかかり、動けなくなったところを、さらにハンターに狩られてしまった**のです。こうして約80年前に、かれらは絶滅しました。

プロフィール

ほ乳類

- ■名前　ションブルクジカ（絶滅種）
- ■生息地　タイの湿原
- ■大きさ　体長1.8m
- ■とくちょう　危険を感じると水の中へ逃げた

ざんねん度 とほ

# ニジチュウハシの髪型はなぜかパンチパーマ

生き物の進化は、まれに奇跡的な一致をしめすことがあります。たとえば、サメは魚類、イルカはほ乳類ですが、姿がとてもよく似ていますよね。このように**祖先やグループがまったく違うのに、進化の結果、同じような姿になるこ**とが動物界にはあるのです。

　アマゾンにすむニジチュウハシも、そんな進化の奇跡を感じさせてくれる生き物のひとつ。**虹色のど派手な体に、パンチパーマのようにくるくると巻かれた頭の毛。**どう見ても大阪のおばちゃんです。

　かれらは、なぜ大阪のおばちゃんに似る必要があったのか……。進化はいまだ謎に満ちています。

プロフィール

鳥類

■名前　ニジチュウハシ
■生息地　ブラジルの森林
■大きさ　全長40cm
■とくちょう　大きなクチバシで体温調節をする

Q アナホリフクロウは巣に何をしきつめる？

➜答えは42ページ

# コブダイは どんどんあごがしゃくれる

おじいちゃん ずいぶん しゃくれたね

コブダイは、子どものときはすべてメスという、ちょっと変わった魚。むれのなかで、**体長50㎝を超えるほど大きく成長した個体だけがメスからオスに性別を変え、**たくさんのメスと卵をつくります。

また、オスになると、顔つきも変わります。**おでこが前につき出て、大きなこぶのようになるだけでなく、あごがどんどんしゃくれていく**のです。理由はよくわかっていませんが、オスになると自分のなわばりを守るようになるため、いかつい顔で敵やライバルを威嚇しているのかもしれません。

ちなみに、おでこのこぶは脂のかたまりで、ブヨブヨです。

プロフィール

硬骨魚類

- **名前**　コブダイ
- **生息地**　日本や朝鮮半島の沿岸
- **大きさ**　全長1m
- **とくちょう**　オスは複数のメスをよび寄せてハーレムをつくる

# アマゾンツノガエルの角は、まぶた

角かまぶたか
それはたいした問題ではない

アマゾンツノガエルは、大人の手のひらからもはみ出すほど巨大なカエル。すさまじい食欲で、**目の前を通ったものは何でもかみつき、丸のみにしてしまいます。**たまに獲物が大きすぎてのみこめずに死んでしまうこともあるほど、食べることに見境がありません。

そんなかれらのチャームポイントは、目の上にピョコンと飛び出た角。と思いきや、じつはこれは**角ではなく「まぶた」**です。

飛び出たまぶたに、どんな役割があるのかは不明。**まばたきは「瞬膜」といううすい膜が下から上に閉じる**というから、なおさらいらない気がしてきます。

プロフィール

両生類

- **名前** アマゾンツノガエル
- **生息地** 南アメリカの沼や池
- **大きさ** 体長15㎝
- **とくちょう** 土や落ち葉にもぐり、獲物を待ちぶせする

# スケーリーフットは貝なのにサビる

スケーリーフットは、「体の一部が金属でできている」という少年漫画みたいな能力のもち主です。

巻き貝の一種ですが、**足の部分が硫化鉄という金属のうろこでおおわれています**。この鉄の足で貝殻の入り口にふたをして、敵から身を守るのです。

かれらがくらすのは、水深2000mを超える深海底で、とてもうすい場所。もし、**酸素のたくさんある場所にうつれば、鉄のうろこは化学反応を起こして、たちまちサビてしまいます**。深海で進化した結果、ごく限られた場所でしか生きられない体になってしまったのです。

プロフィール

腹足類

- **名前**　ウロコフネタマガイ
- **生息地**　インド洋の深海
- **大きさ**　殻の直径4cm
- **とくちょう**　海底の熱水が出ているところに生息する

# コスモケラトプスは無理やり角を生やしすぎ

角のある恐竜といえばトリケラトプスが有名ですが、7600万年前ごろの白亜紀後期にいたとされるコスモケラトプスは鼻や目の上、ほっぺたなどに、**合計15本もの角が生えていました。**角の数は、恐竜界ナンバーワンです。

ところが、そのうち**10本の角は下向きに丸まって生えており、もはや「前髪」です。**

角の役割といえば、まず武器として敵との戦いに使うことが多いのですが、丸くたれさがった角では戦えそうもありません。こだわりの「前髪」で**異性の注目を集めていた**のかなと思われますが、真相はかれらにしかわかりません。

プロフィール

は虫類

■**名前**　コスモケラトプス（絶滅種）
■**生息地**　アメリカの平原
■**大きさ**　全長5m
■**とくちょう**　名前は「飾り立てた角のある顔」という意味

Q ミドリムシは暗い場所に入るとどうなる？

➡答えは46ページ

ざんねん度
とほほほほほほ

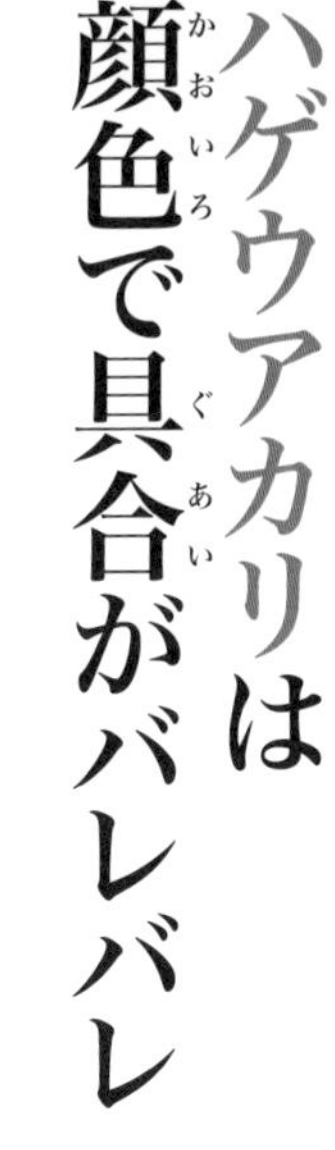

# ハゲウアカリは顔色で具合がバレバレ

何見てんだよ

よっぱらったおじいちゃんが蓑をかぶったような姿のハゲウアカリ。**頭がハゲている**のも気になりますが、なにより目を引くのは**真っ赤っ赤な顔**です。かれらは顔によぶんな肉がほとんどついていないため、血管を流れる血の色がすけて、顔全体が赤く見えるのです。

そのため、**激しく動いたり怒ったりすると、さらに顔が赤く**なります。一方で、**寒かったり体調が悪かったりすると、どんどん顔が青く**なっていきます。

相手の様子をうかがうことを「顔色を見る」といいますが、ハゲウアカリはまさに、顔色を見れば一発で様子が丸わかりです。

**プロフィール**

ほ乳類

- **名前**　ハゲウアカリ
- **生息地**　アマゾン川沿いのジャングル
- **大きさ**　体長55㎝
- **とくちょう**　あごの力が強くかたい木の実も食べられる

# メロンは傷だらけ

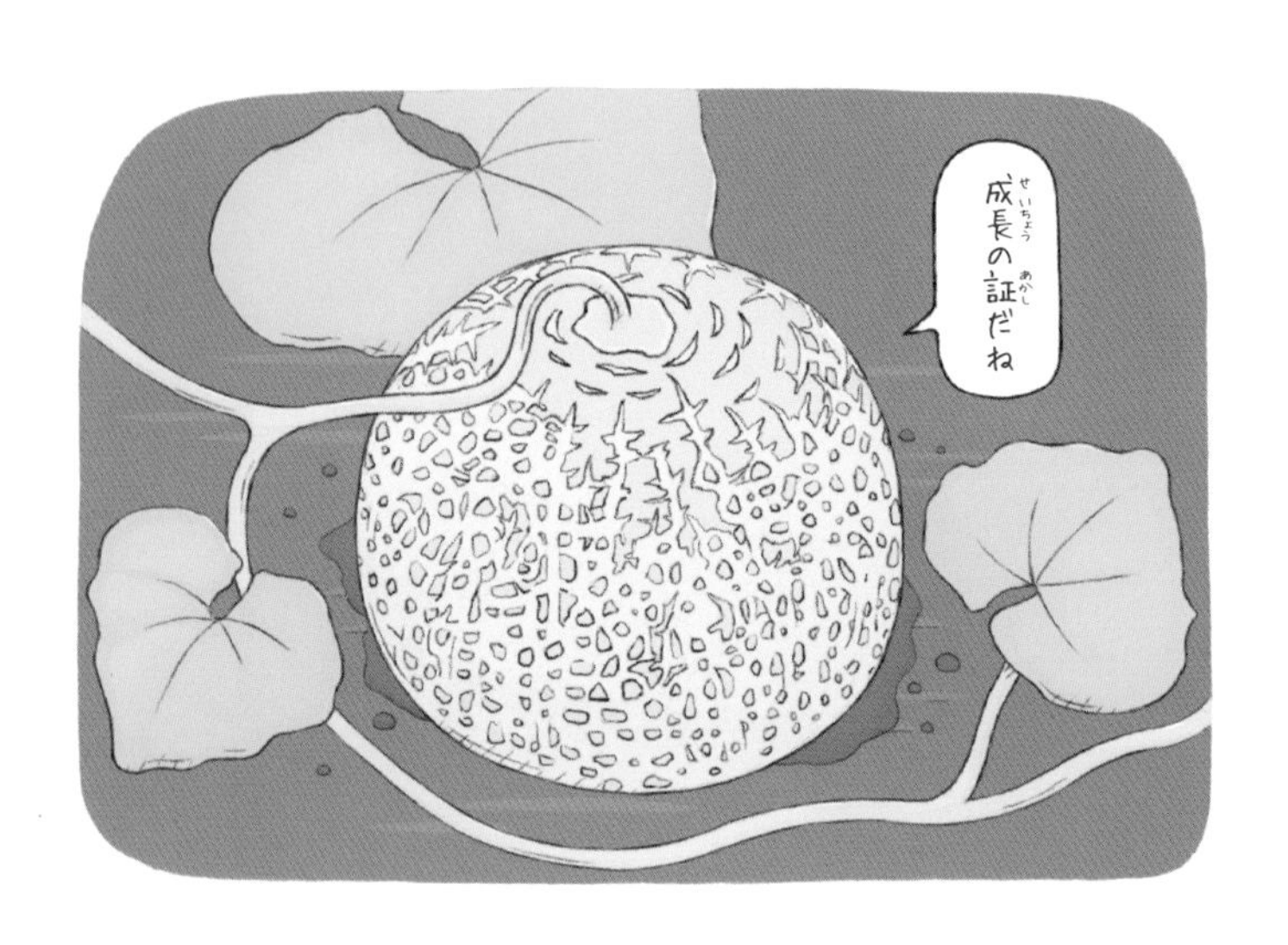


メロンの皮の表面には、ザラザラとした網目模様がありますよね。でもこの模様、最初からあるわけではありません。

**できたばかりの赤ちゃんメロンは、表面がツルツル**。ところが2週間くらい成長すると、皮がかたくなり、伸びにくくなる半面、中の果肉はどんどん大きくふくらみ続けます。すると、**皮が中の果肉におされて、表面にたくさんのヒビが入ってしまう**のです。

このヒビをふさぐため、**実の中からは汁がしみ出してきて表面で固まります**。つまりメロンは、傷を治すためにできた「かさぶた」だらけなのです。

プロフィール

植物

■名前　メロン
■原産地　アフリカ
■大きさ　直径13cm
■とくちょう　網目が細かく、盛り上がっているものがおいしいといわれる

A 44ページの答え→　パニックになる

# オニフスベの巨大な体は、風にふかれて消える

　オニフスベは、大きいものだと直径50㎝、重さ10㎏以上にもなる巨大なキノコ。しかも、**何もない状態から一夜にしてこの大きさにまで成長する**というから、おどろきです。

　できたては白色をしていますが、**2～3週間すると茶色に変色**。外の皮がはがれて、中から数兆個もの胞子のかたまりがあらわれます。そして胞子は、**おしっこのようなにおいをまきちらしながら風にふかれてバラバラになり、あと形もなく消えてしまう**というのです。

　まるでおばけですが、色が白いうちは食べられます。でも、おいしくもまずくもないのだとか。

プロフィール

菌類

■**名前**　セイヨウオニフスベ
■**生息地**　温帯地域の牧場や野原、森
■**大きさ**　直径30㎝
■**とくちょう**　夏から秋にかけて発生する

ざんねんな人間たちによる

# ざんねんな名前

人間たちは、
どうしてこんな名前をつけたのか？
納得のいかない生き物たちが、
やってきました。
見かけたさいには、やさしく
呼びかけてあげてください。

なぜ3回もくり返す…
わたしはいったい何者…？
そのとおりですけど…

**ゴリラゴリラゴリラ**

ニシローランドゴリラの海外での正式な名前です。もっとも数が多いとされるザ・ゴリラです

**ネズミキツネザル**

ネズミのように小さく、キツネのような顔の形のサルです

**ムシクソハムシ**

イモムシなどのうんこに擬態していてそっくりで、鳥に食べられません

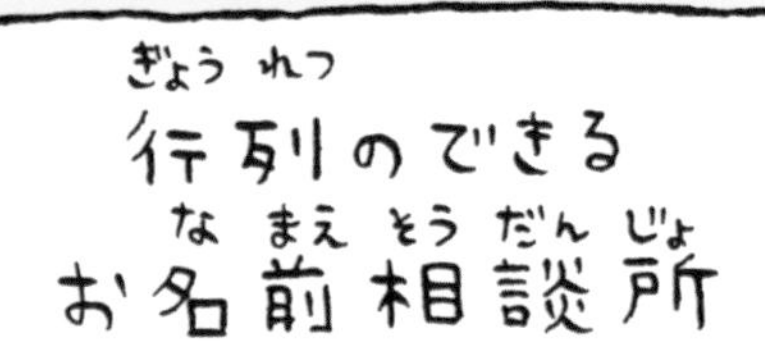


## ヘクソカズラ

もはや悪口では…

虫よけで葉やくきから、くさいにおいを放つため、おなら（屁）とうんこ（くそ）が名前に入っています

いや、単純すぎるでしょ

あのぼく ぜんぜんでかくないんですけど

## デカイヘビ

よび名と違って、人の片手に乗るくらいの小さなヘビです

## トゲアリトゲナシトゲトゲ

トゲがあるトゲナシトゲトゲなので、トゲはあります

## オジサン

ヒゲが生えているため、こうよばれます。「ババア」という魚（和名：タナカゲンゲ）もいるのだとか

進化のじまん話

# 1 眠りのくふう

どうも……、ナマケモノです……。
トイレと食事以外……、なるべく動きません……。
葉っぱを1日に数枚食べれば……、もうお腹いっぱい……。
消化にはだいたい16日かかります……。
15～20時間くらい眠って……、元気いっぱいです……。

わたし、バンドウイルカです！
「水の中で眠ったら息ができないんじゃないか」って？
脳を半分ずつ眠らせて、息つぎを忘れないようにしているの。
片方の目が閉じていたら、反対側の脳が眠っている証拠よ。
つまり、完全に眠っている時間はゼロ！　すごいでしょ？

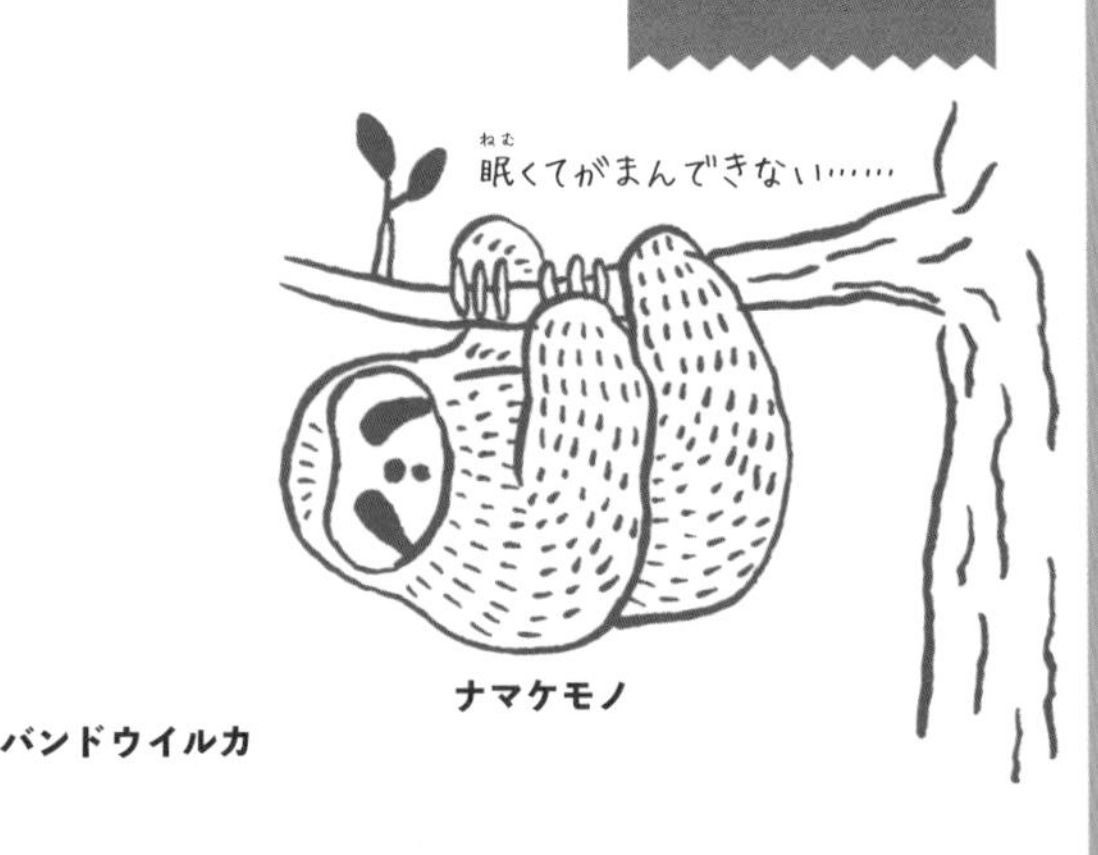

眠くてがまんできない……
ナマケモノ
半分寝てまーす
Z…
ZZ…
バンドウイルカ

おっす、グンカンドリさ。
おれは獲物を探して何週間も、何千kmも飛ぶんだが、
脳の半分を眠らせるだけじゃなく、脳全体が寝てても飛べるんだ。
まあ、落下しながらだから、せいぜい数分間だけどな。

寝るのって、命がけだよね
ウンウン
でもぼくは超寝てる……
Zzz
うらやましいな
わたしは脳を半分だけ寝かせているわ
Z… Zzz…
ちょっと何言ってるかわからない
おれは飛びながら寝てるのさ
カクッ
いや それは命がけすぎでしょ！
寝落ち中
グンカンドリ

ねん

# 第3章

# 生き方がざん

きびしい世の中、きびしい自然を生きぬく道は
ひとつではありません。
しかし、「それを選んだのか！」と
ふしぎになる生き方をしている生き物たちを見てみましょう。

# パンダアリはわけがわからない

南米のチリには、パンダアリという虫がいます。ノリでつくったLINEスタンプみたいな名前ですが、実際の姿を見ると、白黒の模様にモフモフしたやわらかい毛で体がおおわれていて、たしかにパンダに似ているなと納得です。

しかしパンダアリは、アリではありません。**「アリバチ」というハチの一種**です。ハチなだけあって、お腹のはしには強力な毒針をかくしもち、刺されたときのあまりの痛さから**「ウシ殺し」という異名**さえあります。おまけに**赤や青、オレンジといった色の体をしたなかまもいて**、カラー展開も豊富というから、よくわかりません。

プロフィール

昆虫類

- **名前**　パンダアリ
- **生息地**　チリの森林
- **大きさ**　体長8㎜
- **とくちょう**　パンダに似るのはメスで、オスは羽が生えたハチのような姿

Q アフリカオオコノハズクは敵を見つけるとどうなる？ →答えは56ページ

ざんねん度
とほほ

# ハイラックスもわけがわからない

ぼくはぼく
きみはきみだよ

　ギリシャ神話には、ライオンの頭にヤギの体、ヘビの尾をもつキマイラという怪物が登場します。そんな怪物もかすむほど奇妙な体をもつのが、ハイラックスです。

　ハイラックスの**見た目は、モルモットやウサギ**に似ていますが、**全身の骨格はサイ**に似ています。しかし、**生物学的にいちばん近い動物はゾウ**。かれらの足には蹄のような丸い爪があり、足の骨のつくりもゾウに似ているのだそう。

　ちなみに、**日本語で「イワダヌキ」**とも呼ばれますが、タヌキとは何の関係もありません。もうわけがわかりませんが、元気ならそれでいいのかもしれません。

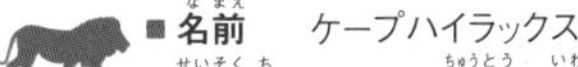

プロフィール

ほ乳類

- **名前**　ケープハイラックス
- **生息地**　アフリカ、中東の岩場や林
- **大きさ**　体長45㎝
- **とくちょう**　足の裏がすべりにくく、岩を登るのが得意

# アデリーペンギンはなかまを使って安全を確かめる

健闘をいのる！

アデリーペンギンは「コロニー」という大集団をつくって子育てをします。その数は多いときで、なんと150万羽！　沖縄県の人口以上です。**卵を最初にあたためるのは父親の役目**で、その間、数十万羽の**母親たちは食べ物を探しに海へ出かけます。**

ところが海に着いても、かのじょたちはなかなか飛びこみません。海にはおそろしいヒョウアザラシがいて、おそわれるかもしれないからです。そこで「どうぞどうぞ」と先をゆずり合ったすえに、**最後は1羽が海に落とされます。**それをみんなで上から見て「……よし！」と安全を確認するのです。ほかに方法はないものでしょうか。

**プロフィール**

鳥類

■ **名前**　アデリーペンギン
■ **生息地**　南極とその周辺
■ **大きさ**　全長75㎝
■ **とくちょう**　肉食性でオキアミや魚を食べる

# ライオンは草に苦しめられる

「ライオンの敵」と聞かれて何を思い浮かべますか？　ハイエナ、ワニ、それともチーターでしょうか。じつは**かれらの敵は、地面に生えています。そう、草です。**

ライオンゴロシという草は、まるで忍者が逃げるときにばらまく「まきびし」のように、**かたいとげのある実を地面にばらまきます。**しかもとげには、つり針のような「かえし」がついているので、一度刺さるとかんたんには外れません。

その昔、ライオンが足に刺さったとげを口でぬこうとしたところ、**口の中にも刺さり、最後は食べることもできなくなって死んでしまった**という話も残っています。

プロフィール

ほ乳類

■**名前**　ライオン
■**生息地**　アフリカ、インドの草原
■**大きさ**　体長2.4m（オス）
■**とくちょう**　ネコ科でゆいいつ、むれでくらす

Q シカはどうやって危険を知らせる？

→答えは60ページ

ざんねん度 とほほほほほほほほ

# トマトは200年くらいほっとかれた

#毒はないよ　#栄養満点
#見るだけじゃなくて食べて欲しい


さまざまな料理で活躍するトマト。かれらに悲しい過去があったことは、あまり知られていません。

トマトは**もともとペルーの高原に自生していた植物**です。それが1000年ほど前にメキシコで作物として育てられるようになり、500年ほど前にはヨーロッパに伝わりました。ところが**その後200年もの間、毒草とかん違い**され、食べるものではなく**見て楽しむ植物として育てられた**のです。

やがて、イタリアで食料不足が起きたときに、たまらずトマトを食べた人が「なかなかいけるやん」と気づいてくれ、やっと食用として広まったといいます。

プロフィール

植物

- **名前**　トマト
- **原産地**　ペルーなど
- **大きさ**　直径7.5cm
- **とくちょう**　世界中で8000を超える品種がある

# チンアナゴはたまにうんこを食べてしまう

うんこを食べて意気消チン
そんなオレらはチンアナゴ

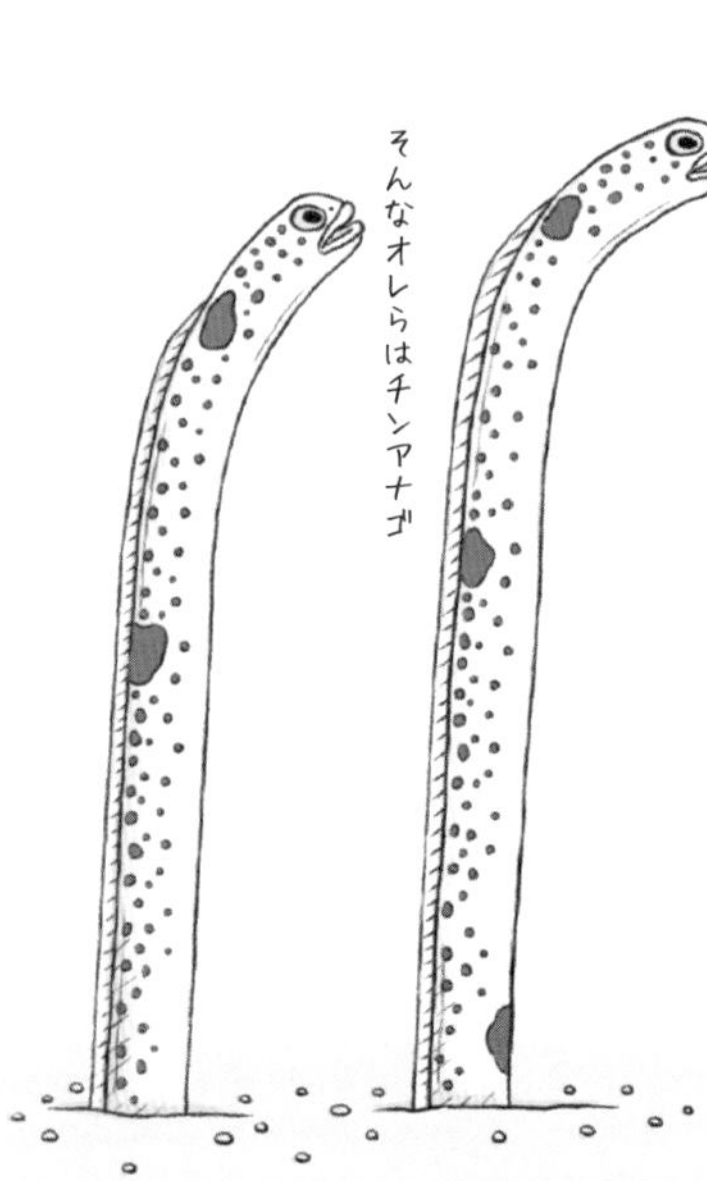

最近、人気が急上昇しているチンアナゴ。砂の中から何匹も顔を出してユラユラとゆれている姿から目をはなせないと好評です。

しかしかれらも、ただぼーっとゆれているわけではありません。**つねに水の流れを体で感じ、流れてくる食べ物に目を光らせている**のです。そして**近くに流れてきたものは、とりあえずパクリと口に入れてしまいます**。

とはいえ、つねにまわりを気にしているわりには、目はあまりよくないようです。たまに**食べ物と間違えて、ほかのなかまが出したうんこを口に入れてしまい**、あわててはき出すこともあるのだとか。

プロフィール

硬骨魚類

■**名前** チンアナゴ
■**生息地** 太平洋西部からインド洋にかけての砂底
■**大きさ** 全長40㎝
■**とくちょう** 犬の「チン」に顔が似ていて名前がつけられた

A 58ページの答え→ しり毛を広げる

さんねん度 とほほほほほほほほ

# モテるアナウサギはおしっこをかけられまくる

　アナウサギのオスは情熱的です。好きなメスができると、まずはうしろをぴょんぴょんと追いかけます。そして**ゆっくりそばに近づいたり、メスのまわりをくるくる回ったりして、2羽の距離をちぢめていく**のです。それなのにメスときたら、オスには関心をしめさずのんきに草なんか食べています。

　もどかしくなったオスは、思い切った行動に出ます。すれ違いざまに**メスにおしっこをひっかけて「ぼくを見て!」とアピールする**のです。そこまでされたメスはオスに関心をもつこともありますが、**とことん興味がない場合は無視して巣穴に帰ってしまいます。**

プロフィール

ほ乳類

| | | | |
|---|---|---|---|
| ■名前 | アナウサギ | ■大きさ | 体長43㎝ |
| ■生息地 | ヨーロッパからアフリカにかけての森林や草原など | ■とくちょう | ペットのウサギの祖先とされている |

# ヒゲオマキザルは自分で「こより」をつっこんでくしゃみをする

ヒゲオマキザルは、石で木の実を割って食べます。人間以外に道具を使う生き物はほとんどいないため、**頭のいいサル**として知られるようになりました。

しかし、その道具の使い方が、かぎりなくアホっぽく見えてしまうこともあります。かれらは**手ごろな草や木の棒をもつと、ずぼっと鼻の穴につっこみます。**そして、**ごにょごにょと鼻の穴をほじって、大きなくしゃみをする**のです。

人間以外の動物は鼻でしか呼吸ができないので、天然の「こより」を使って鼻のそうじをしているわけですが、リアクション芸の特訓のように見えてしまいます。

プロフィール

ほ乳類

■**名前** ヒゲオマキザル
■**生息地** ブラジルの森林
■**大きさ** 体長40㎝
■**とくちょう** 海岸から高地までさまざまな環境でくらす

Q カゲロウの成虫の寿命はどのくらい？ →答えは64ページ

ざんねん度
とほほほほほほほほほ

# カオジロガンのヒナは、うまれた瞬間に絶体絶命

カオジロガンは敵からおそわれないように、崖の上に卵をうみます。危険な場所なら敵も手を出せまいという作戦ですが、問題はうまれてきたヒナです。親鳥は卵をうんで満足なのか、食べ物をくれません。そのため、ヒナは食べ物を求めて、**うまれたその日に高さ100mにもなる崖から飛びおりなければならない**のです。

ヒナは体重が軽くてフワフワなので、死ぬことは少ないようですが、**当たり所が悪いとやはり命を落とすことも**。さらには、**天敵のカモメやキツネが下で待ちかまえていることもある**というから、子育てがきびしすぎる気がします。

プロフィール

鳥類

- **名前**　カオジロガン
- **生息地**　ヨーロッパの北極海周辺
- **大きさ**　全長65㎝
- **とくちょう**　渡り鳥で3000㎞以上の距離を1か月以上かけて飛ぶ

# トンボは命がけでイチャイチャする

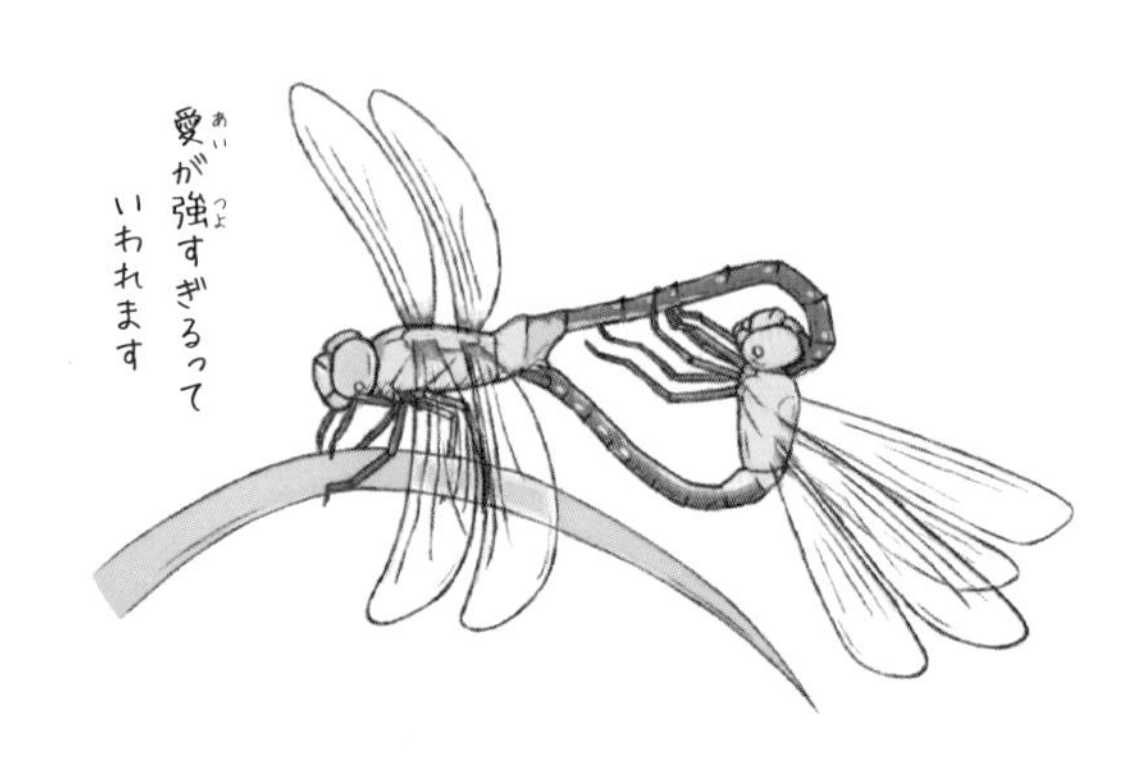


運がよいと、**2匹でハート型をつくっているト**ンボのカップルを発見することがあるでしょう。オスがしっぽの先にあるはさみでメスの頭のうしろをつかんで固定し、一方、メスはしっぽの先をオスのお腹に当て、精子を受け取っているのです。

まさにラブラブなカップルといいたいところですが、じつはこの交尾は命がけ。**オスが強くつかむせいで、メスの頭部には穴がいくつも開いてしまう**のです。

おまけに、**交尾後のオスはメスが浮気をしないよう追いかけ回し**、恋人からストーカーに変わるというから展開がドロドロです。

プロフィール

■**名前** ギンヤンマ
■**生息地** 日本全国の草原など
**昆虫類**
■**大きさ** 体長7cm
■**とくちょう** 飛びながら、ほかの昆虫を捕食する

ざんねん度
とほほほほほほほほほ

# アンキロサウルスは体はかたいけど、心はもろい

アンキロサウルスは、白亜紀後期にいたとされる植物食恐竜です。白亜紀は、ティラノサウルスなど、どうもうな肉食恐竜がいた時代。そのためアンキロサウルスは、**骨の板でよろいのように体全体をおおい、身を守っていました**。さらに**尾の先には、巨大ハンマーのような骨のかたまりがついていて**、これを振り回して肉食恐竜を追いはらっていたようです。

ここまですれば、どんな敵がきてもへっちゃらに思えますが、じつはメンタルは豆腐のようにもろかったようです。最近の研究で、**ストレスで胃をやられていた**ことがわかりました。

プロフィール

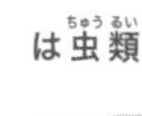
は虫類

■**名前**　アンキロサウルス（絶滅種）
■**生息地**　アメリカ、カナダの草原など
■**大きさ**　全長7m
■**とくちょう**　歯がなく、くちばしで植物をちぎっていたと考えられる

# キャベツはウソつき

キャベツは、ボディーガードをやとっています。**コナガという毛虫に葉を食べられると、独特のにおいを放出。**このにおいに誘われてやってくるのが、**ボディーガードのコナガコマユバチ**です。

かれらは毛虫に針を刺して、体内に卵をうみつけます。やがて卵からかえった**コマユバチの子どもは毛虫を食べてしまう**のです。

こうしてキャベツは毛虫を追いはらうわけですが、困ったことに、**少し葉をかじられただけでも「死ぬ!」と大量のにおいをまきちらします。**そのためたくさんのコマユバチがかけつけても、1匹しか毛虫がいないこともあるのだとか。

プロフィール

植物

| | | | |
|---|---|---|---|
| ■名前 | キャベツ | ■大きさ | 直径25㎝ |
| ■原産地 | ヨーロッパなど | ■とくちょう | 胃のはたらきをよくする成分が含まれ、薬がつくられた |

Q ゴリラはどうやってあいさつする？ →答えは68ページ

ざんねん度
とほほほほほほほほ

# フキナガシフウチョウは頭のアンテナのせいでいろいろ不幸

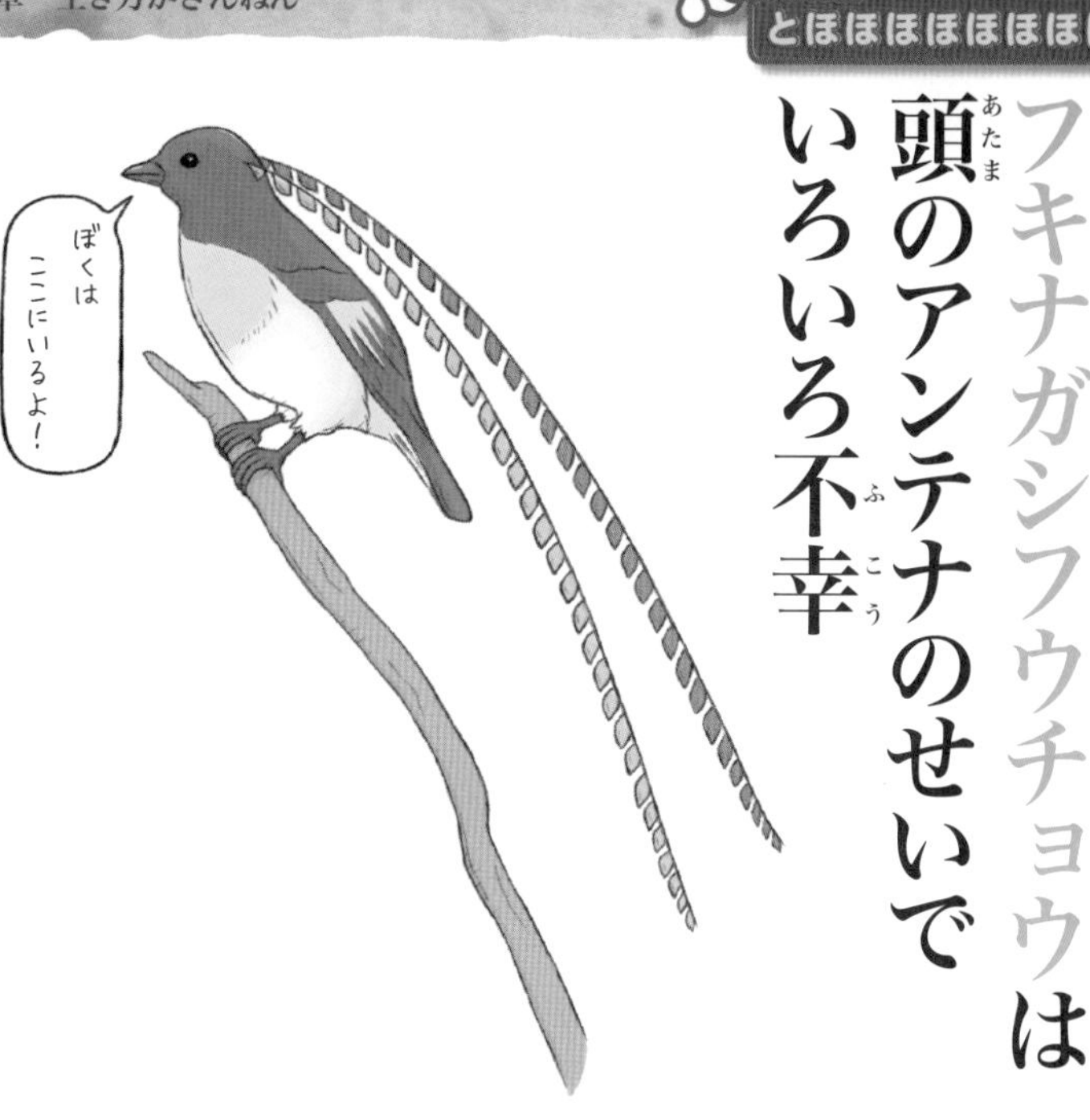


フキナガシフウチョウは、南国のジャングルにすむ極楽鳥の一種です。美しい極楽鳥のなかでも、かれらはひときわ目を引く存在。**頭に、全長の2倍以上にもなる50cmのアンテナを2本つけています。**

このアンテナがあるのはオスだけで、前後左右にふり回してメスにアピールします。しかし、あまりに目立ちすぎるためか、敵のパプアニワシドリにアンテナをうばわれ、なんと**巣の飾りつけに使われてしまう**こともあるとか。

また、ヨーロッパに剥製が運ばれたときは「こんな鳥が自然界にいるはずない」と、**学者に存在すら認めてもらえなかった**そうです。

プロフィール

鳥類

- ■名前　フキナガシフウチョウ
- ■生息地　ニューギニアの森林
- ■大きさ　全長22㎝
- ■とくちょう　頭のアンテナは頭皮の筋肉だけで動かす

# グッピーはおしゃれに飼い続けると弱る

グッピーは、赤、黄、青、銀など、あざやかな体の色で、観賞魚としてもたいへん人気のある魚です。水槽には照明をつけてあげますが、夜になったら、きちんと明かりを消してあげてください。

グッピーは、**ほかの魚と同じくまぶたがない**ため、眠っているときも目が開きっぱなし。そのため、ずっと明るいままだと、朝なのか夜なのかがわからず、**生活リズムがくるって弱ってしまいます。**

つまり、グッピーをきれいに見せようと光を当て続けると、ストレスがたまり、**きれいな色や体形にも影響が出てしまう**という、本末転倒な未来がまっています。

プロフィール

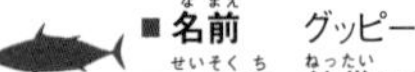

硬骨魚類

■名前　グッピー
■生息地　熱帯から温帯の川
■大きさ　全長5㎝
■とくちょう　卵ではなく、直接子どもをうむ

ざんねん度 とほほ

# コアラは暑いとあからさまに生きる気力をなくす



まん丸の目とずんぐりした体で子どもたちに人気のコアラ。木の上にちょこんと座って葉を食べる姿は、見るだけでいやされます。

ところが暑い日には、様子が一変。**お腹を木にべったりとつけ、だらーんと手や足を投げ出したまま眠ります**。まるで、暑さのあまり生きる気力をなくしたかのようですが、こうして**体の熱を外に逃がしているという**のです。

コアラは汗をかけません。そのため気温が高くなるほど、**冷たい木の枝にたくさん体をくっつける**ように姿勢を変えていき、最終的に無気力ポーズになってしまうようです。

**プロフィール**

ほ乳類

| | | | |
|---|---|---|---|
| ■**名前** | コアラ | ■**大きさ** | 体長75㎝ |
| ■**生息地** | オーストラリア東部の森林 | ■**とくちょう** | メスの胸は白く、オスの胸は茶色くなっている |

# ナマケグマは食事のマナーがなっていない

ナマケグマという名前ですが、決してなまけているわけではありません。長さ8㎝にもなるかぎ爪を木に引っかけてぶらさがる姿がナマケモノに似ていたことから、名前がつけられてしまったのです。

かれらの大好物はシロアリ。巣を見つけると、かぎ爪で穴を開け、ズボッと鼻先をつっこみます。そして、**まるで掃除機のようにズーズーとシロアリを吸引**。吸引力のひみつは、**上の前歯が2本ないこと**です。このすきまから空気といっしょにアリを吸いこめます。

**100mはなれた場所でも聞こえるほどの爆音がする**ので、食事をしているのがバレバレです。

**プロフィール**

ほ乳類

- **名前** ナマケグマ
- **生息地** インドやスリランカの森林
- **大きさ** 体長1.7m
- **とくちょう** 立ち上がってにおいをかぎ、食べ物を探す


→答えは72ページ

# ラフレシアは2年かけて咲くけど、すぐくさる

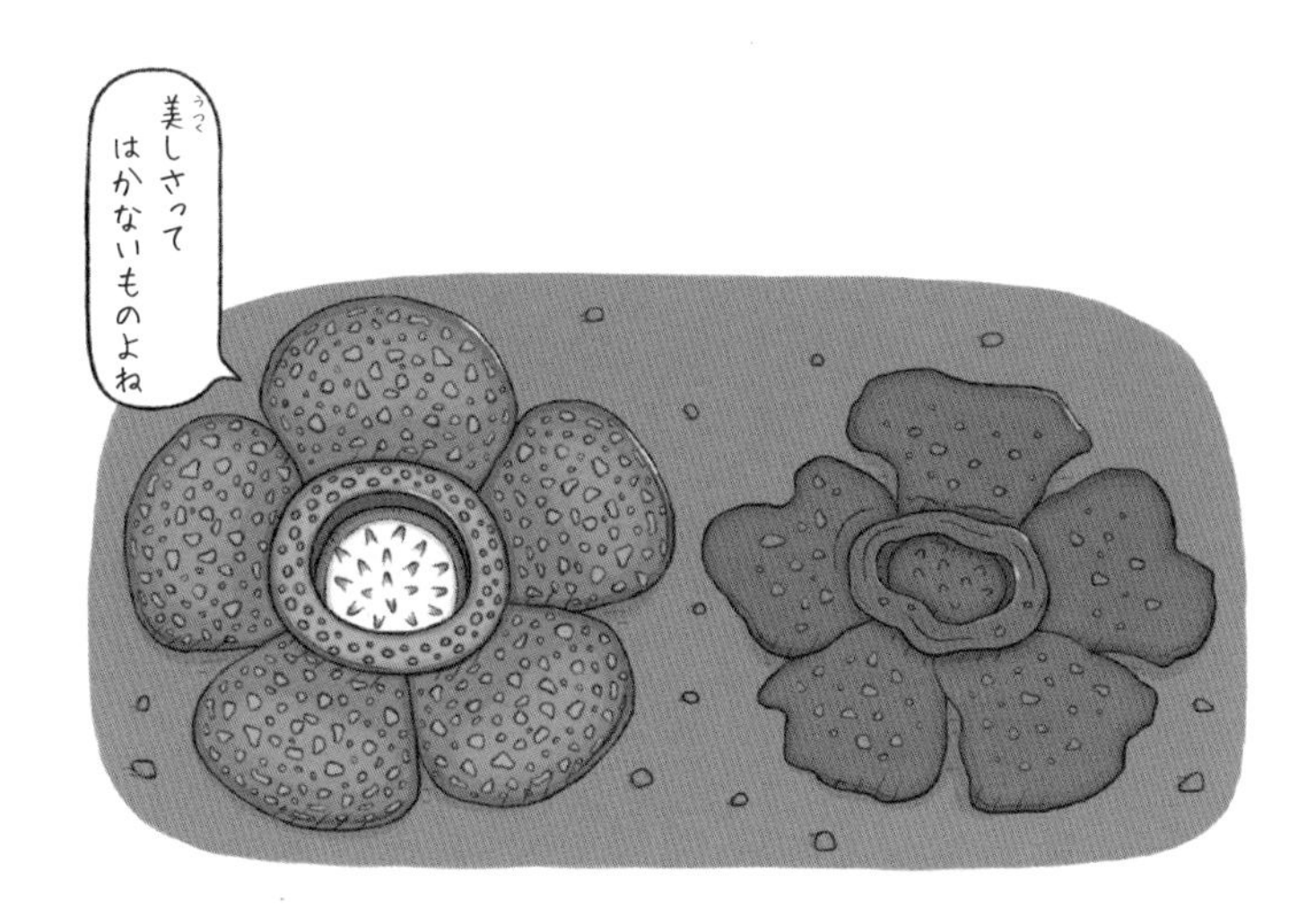


ラフレシアは、赤い巨大な花を咲かせることから、「モンスターフラワー」ともよばれます。花の幅は最大で120cmにもなり、小学2年生の子どもだったら花の上で体を横にして寝られるほど。

あまりに巨大なためか、**つぼみができるまでに1年以上、花が咲くまでには約2年**もの時間がかかるのだそう。そして花が咲くと、**トイレのようなにおいを出して、ハエをおびき寄せます。**こうしてハエに花粉を運んでもらうのです。

しかし、これほどの時間とエネルギーをかけて花を咲かせたのに、**わずか1週間でドロドロにくさって枯れてしまう運命にあります。**

プロフィール

植物

- **名前**　ラフレシア
- **生息地**　東南アジアの森林
- **大きさ**　直径1m
- **とくちょう**　根も葉もくきもない寄生植物

# メンハタオリはオスの努力をメスがぶち壊す

ハタオリドリのなかまは、名前のとおり「機織り」をするように草を編んで巣をつくります。なかでも、メンハタオリのオスがつくる巣は職人技が光ります。

**草や、わらを編んだものをハンモックのように木の枝にぶらさげる**のですが、巣の入り口は下を向いていて、敵から卵やヒナがおそわれにくい安全設計。また、メスがよろこぶように表面をすべすべに仕上げる手のこみようです。

こうして**丸一日かけてつくった巣を見せて、オスはメスにプロポーズします**。メスが巣の出来を気に入ればカップル成立。しかし、**気に入らなければ、ぶち壊されます。**

プロフィール

鳥類

- **名前** メンハタオリ
- **生息地** アフリカ東部から南部のサバンナ
- **大きさ** 全長15㎝
- **とくちょう** 巣は電線にぶら下がるようにつくられることもある

A 70ページの答え→ おしり

ざんねん度
とほほほほほほ

# クリサキテントウはアプローチの相手を間違える

テントウムシには、ナミテントウとクリサキテントウという、そっくりな2種がいます。

ある農学博士の実験によると、2種はあまりにも見た目が似ているため、クリサキテントウのオスは、ナミテントウのメスを「自分と同じ種のメスだ」と**かん違いして交尾してしまう**のだそう。しかし、違う種のメスと交尾しても**子どもはうまれないため、これはまったく意味がありません。**

一方、**ナミテントウのオスは、きちんと2種のメスを区別すると**いうから、クリサキテントウのオスにも、もっと相手をよく見てほしいものです。

プロフィール

昆虫類

■名前　クリサキテントウ

■生息地　日本、台湾、朝鮮半島、中国のマツ林

■大きさ　体長2㎝

■とくちょう　なぜかマツの葉についたアブラムシばかりを食べる

# ウミガメはデリケート

ウミガメは砂浜で卵をうみます。「いつもいる海の中でうめばいいのに」と思うかもしれませんが、じつは**卵の状態でも呼吸をしているため**、水中では死んでしまうのです。そのため親ガメは、危険をおかしてまで砂浜に上がります。

産卵は命がけなので、**砂浜で大きな音がしたり光がついていたりしたら、海から上がれません。**

卵から無事にかえっても、**子ガメが砂浜に残された車のタイヤのあとやごみのせいで海にたどりつけず、死んでしまう**こともあります。ウミガメの産卵はとてもデリケートなので、くれぐれもじゃましないように気をつけましょう。

プロフィール

は虫類

- ■**名前** アオウミガメ
- ■**生息地** 世界中の熱帯や亜熱帯の海
- ■**大きさ** 甲羅の長さ90㎝
- ■**とくちょう** 甲羅は大きく13枚に分かれている

Q カンガルーの誕生日はいつ？ →答えは76ページ

# イワナは なかまを食べちゃう

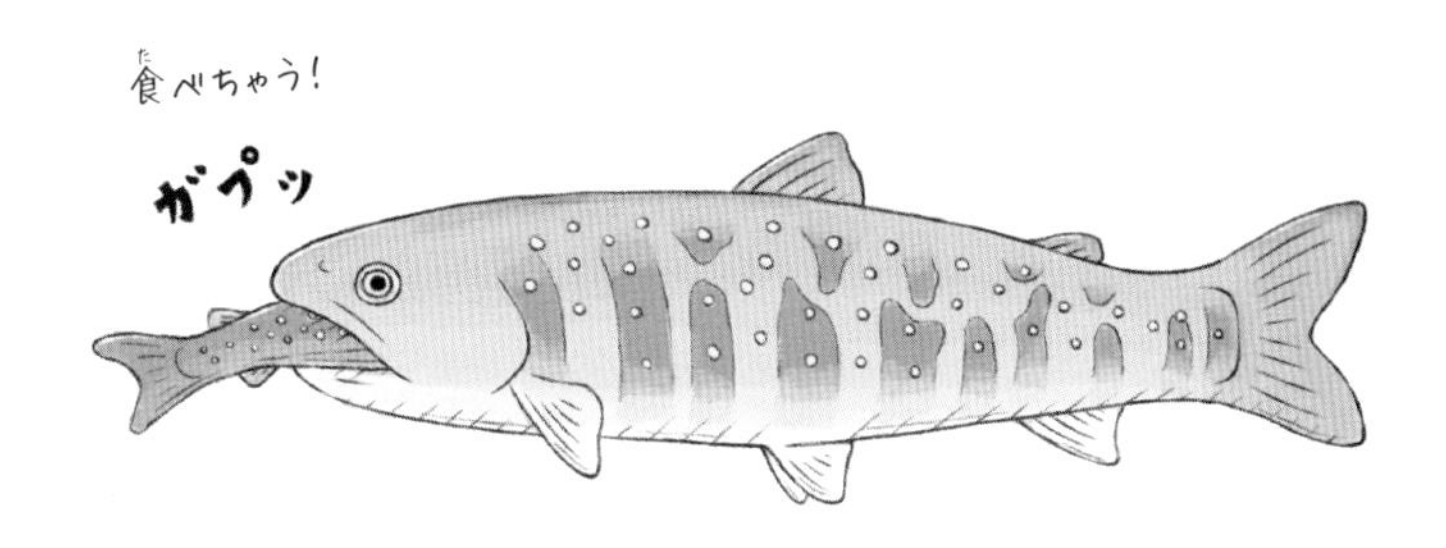


川魚として有名なイワナですが、**じつは海でもくらせる力があります**。イワナはサケ科の魚。もともとはサケと同じように川から海へ下って成長し、大きくなると川にもどって卵をうんでいました。

そのときの力がありあまっているのか、**魚なのに陸を歩く**ことがあります。たいていの魚は陸にあげられると横になって、とびはねるだけですが、イワナは**むくりと起き上がり、ヘビのように体をくねらせて水の中にもどっていく**のです。

また食欲も底なしで、カエルやネズミのほか、**同じイワナさえ丸のみにする**ことも。体力をためて、いつか海に帰る気なのでしょうか。

プロフィール

硬骨魚類

- ■名前　イワナ
- ■生息地　北半球の冷たい川
- ■大きさ　全長50㎝
- ■とくちょう　秋に浅いじゃりの底に卵をうむ

# トノサマバッタは なかまがたくさんいると、ぐれる

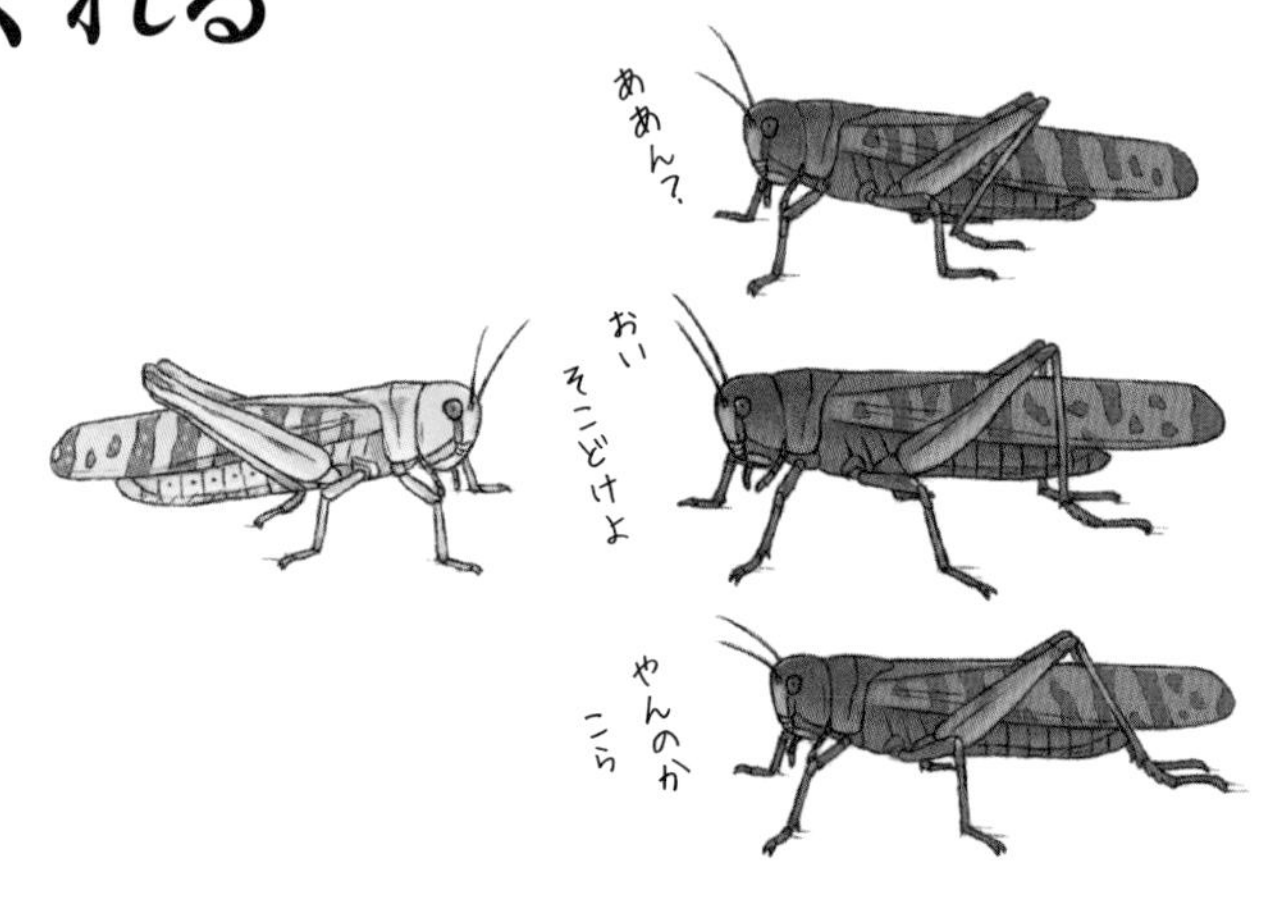

ああん？
おい そこどけよ
やんのか こら


バッタの色といえば、緑を思い浮かべますよね。しかし**同じ種類のバッタでも、うまれた場所によって赤や茶色だったりします**。つまり、草むらにすんでいるバッタが緑色をしているだけで、じつは環境によって体の色は変わるのです。

さらにトノサマバッタは、「まわりにいるなかまの多さ」で、色だけでなく姿形も変わります。1匹で育ったものにくらべ、**たくさんのなかまのなかで育ったものは、色が黒く、羽は長くなり、性格はなんと荒っぽくなります**。

こうしてうまれたダークトノサマバッタは、大勢のなかまとともに農作物を食い荒らすのだとか。

プロフィール

昆虫類

■名前　トノサマバッタ
■生息地　日本全国の草原など
■大きさ　体長4cm（オス）
■とくちょう　オスは黒くて細長いものにメスだと思って抱きつく

# タスマニアデビルはじゃれ合いすぎて絶滅しそう

タスマニアデビルは今、絶滅の危機にあります。原因は「デビル顔面腫瘍性疾患」という、その名もおそろしい病気。**顔におできのようなものができ、これがどんどん大きくなると**、食べることもできなくなって死んでしまうのです。

この病気で、タスマニアデビルは**20年ほどで14万匹から2万匹まで85％も激減**しました。これほど急速に病気が広がったのは、かれらの習性に原因があります。

かれらは、**じゃれ合いや求愛のときに相手の顔にかみつくくせがある**のです。感染した個体がなかまを次々にかんでいき、病気が大流行してしまいました。

プロフィール

ほ乳類

■**名前**　タスマニアデビル
■**生息地**　タスマニア島の森林
■**大きさ**　体長60cm
■**とくちょう**　カンガルーやコアラと同じく、袋で子どもを育てる

ざんねんな人間たちによる

# ざんねんなうわさ

「いやいや、本当は違うんです！」人間たちに、思わぬうわさを立てられた生き物たちが、その思いのたけを夕日に向かってさけんでいます。

## イノシシは曲がれない

曲がれないわけないやーん！

カーブや急停止はもちろん、ジャンプも1mほどできます

## タランチュラは強い

意外と繊細なんですー！

毒の強さはミツバチ以下。体ももろく、地面に落ちるとつぶれることも

## ネコは魚が好き

くれるから食べてるだけなのにー！

インドではカレー好き、イタリアではパスタ好きといわれます

赤って何ですかー！？
ウシは赤い布にこうふんする
赤とほかの色の区別ができません。赤でなくても、動くものに反応します
子どもはかわいいよー！
ライオンは子を谷に落とす
ライオンは自分の子を大切にします。また、サバンナに谷はほぼありません
あんまり土はほってませーん！
モグラは土をほって移動する
ニヤリ
土をほるのは重労働なので、ふだんは一度ほった「本道」を使い回し、食べ物を探すときだけ「側道」をほります
むしろ横には歩けませんけどー！？
カニは横にしか歩けない
アサヒガニは、前後にすばやく歩きます

# 2 味覚くらべ

こんにちはー、ナマズです。
ぼくは、もっとも「味のわかる」生き物なんです。
味を感じる味蕾※という組織が、体全体に20万個！
にごった水の中でも、味で食べ物の場所がわかるよ。
食べる前においしいかどうかわかるなんて、便利でしょ？

おいしいものが大好き！　ウサギです！
味蕾の数は、17000個。人間の2倍以上あるのよ。
おかげで好ききらいが激しくて……、グルメってたいへんね。
でも、大きな声じゃ言えないけど、じつは自分のうんこも食べるのよ。
やわらかいうんこは、栄養満点なの。味は……聞かないでね。

ナマズ
体全体で味を感じることができる

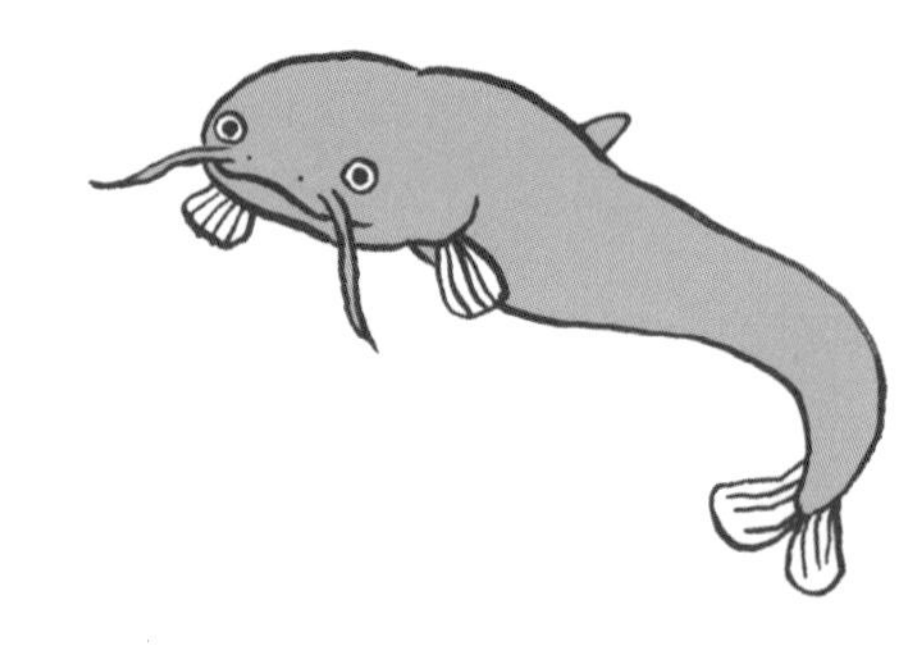

ウサギ
味覚がするどくグルメ

やあ。ヘビは全然味がわからないって、知ってた？
だって、獲物はかまずに丸のみするだけだから、
味がわかってもしょうがないし……。
だから、好ききらいなんてないんだよね。
悩みがなくて、うらやましいでしょ？

※舌などにある食べ物の味を感じる小さな器官。大人の人間の味蕾の数は、5000〜7500個ていど

これ何？
食べられるの？
あー おれちょっと この味 苦手かも
なんでわかるの!?
うーん 確かに苦みと 甘みのバランスが悪いわね
通！
味って なーに？ いただきまーす！
ゴック－ン
飲んだ……

**ヘビ**
丸のみなので、味を感じる必要がない

ねん

# 第4章

# 能力がざんねん

だれにでも得意なことがあれば、
苦手なこともあると思います。
でも、「どうしてだろう……」と
せっかくの能力をもてあましている生き物たちを見てみましょう。

# アリは油性ペンで囲まれると動けなくなる

アリの行進を一瞬で止める方法をお教えしましょう。それは、**油性ペンで線を引くこと**。アリの前にサッと横線を引くだけで、まるで見えない壁ができたかのようにアリの歩みを止められます。

何をかくそう、かれらは**油性ペンのにおいが大きらい**。アリは、食べ物を見つけると「道しるべフェロモン」というにおいを地面につけながら巣に帰り、その後、このにおいをたどって、みんなで食べ物を運びに行きます。つまり、**においに敏感**なのです。

ひみつを知ったからといって、働きもののアリの行く手をさえぎるのはやめてくださいね。

プロフィール

昆虫類

■名前　クロヤマアリ
■生息地　東アジアの草地
■大きさ　体長5㎜（働きアリ）
■とくちょう　乾燥した地面に地下1m以上にもなる巣をつくる

Q セイウチの苦手なものは？ →答えは86ページ

# ハリネズミは鬼のような顔で泡をはく

かわいらしい顔で、ペットとしても人気のハリネズミ。その小さな**体には5000本以上もの針が生えています**。その主成分は髪の毛や爪と同じケラチン。つまりあの針は、極太の毛なのです。

そのためか、ハリネズミも毛づくろいに似た行動をします。**知らないものを見つけると、それをかじって口の中でつばとまぜ、アワアワにしてはき出し、長い舌で体中にぬりつける**のです。

おそらく**自分のにおいを同化させようと必死**なのだと思いますが、そのときの顔は鬼の形相。「こんなのうちの子じゃない！」と、おどろかないようにしてください。

プロフィール

ほ乳類

| | | | |
|---|---|---|---|
| ■名前 | ナミハリネズミ | ■大きさ | 体長25㎝ |
| ■生息地 | ヨーロッパ北部、西部の森林 | ■とくちょう | 冬には気温と同じくらいまで体温を下げて冬眠する |

# ヒカリゴケは本当は光っていない

ヒカリゴケは、**暗闇の中でぼうっとエメラルド色に光って見えます。**しかし、じつのところは本当に光っているわけではありません。

ヒカリゴケの根元には、丸いレンズのような細胞がたくさんあります。この細胞がちょうど虫めがねで太陽光を集めるような感じに、**外から入る弱い光を一点に集めます。**そして、光が集められたところには、葉緑体という緑色の物質があります。この**葉緑体に当たってはね返ったのがエメラルド色の光の正体**というわけです。

つまり、自分で光をつくり出しているわけではなく、**ただ光を反射しているだけ**なのです。

プロフィール

植物

■**名前**　ヒカリゴケ
■**生息地**　北半球のすずしい地域
■**大きさ**　—
■**とくちょう**　わずかな環境の変化でも影響を受けて枯れてしまう

A 84ページの答え→　魚の小骨

# ゲンジボタルは本気で光り続けたい

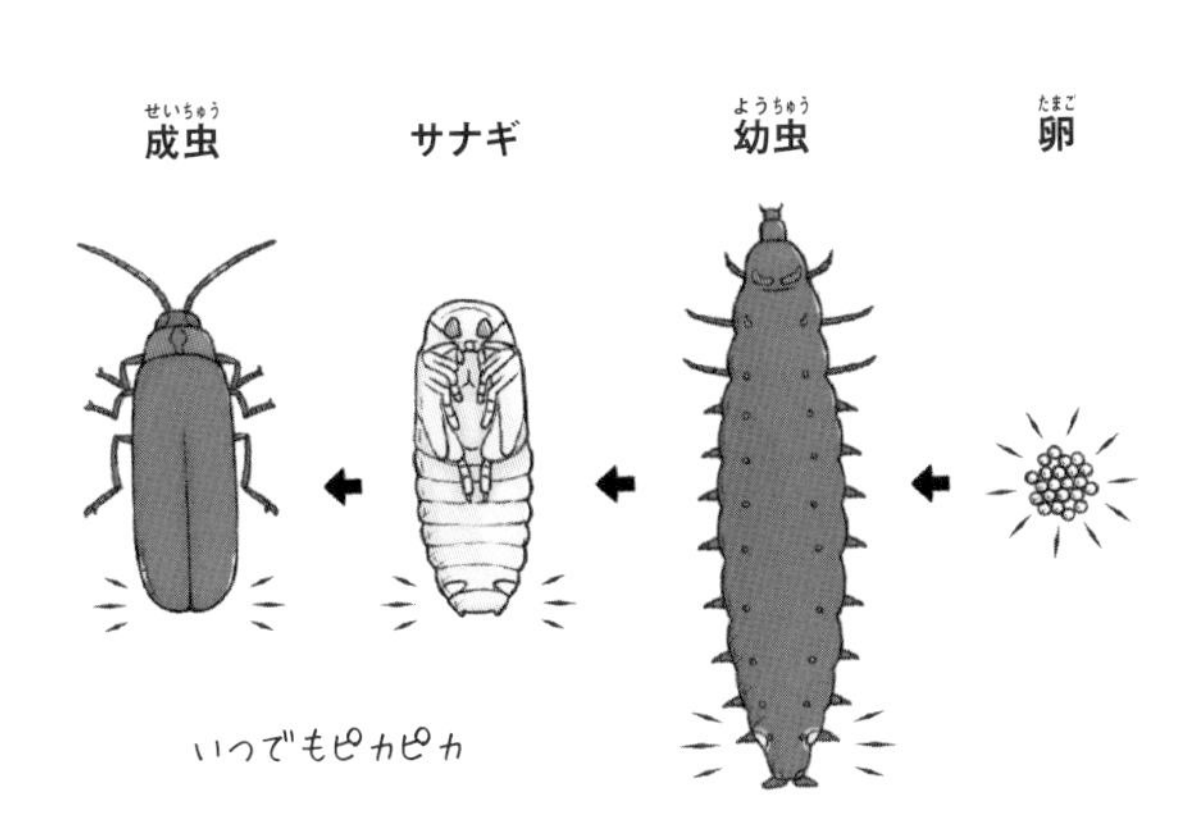


岩かげでひっそり生きたいのに光って見えてしまうヒカリゴケに対し、ゲンジボタルは**つねに光っていないと気がすみません。**

ホタルのおしりが光ることは有名ですが、これは**オスとメスが暗い場所でも出会えるように、光でサインを送っている**からです。

ところが、ゲンジボタルは**幼虫も光ります。**成虫のオスとメスが出会うために光るのはわかりますが、まだ子どもの幼虫がなぜ光るのか、理由はわかっていません。

さらにかれらは、**サナギや卵のときまで光っています。**うまれる前から死ぬまで、とにかくなぜかピカピカ光り続けているのです。

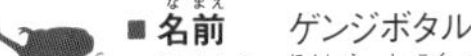

プロフィール

昆虫類

- **名前**　ゲンジボタル
- **生息地**　本州、四国、九州の森林
- **大きさ**　体長1.5㎝
- **とくちょう**　幼虫は肉食性だが、成虫になると何も食べない

# テナガザルはよく骨折(こっせつ)する

Q ムンクイトマキエイはどうやって愛(あい)を伝(つた)える？
→答(こた)えは90ページ

気をつけなさいって言ったのに！

熱帯雨林でくらすテナガザルは、40mもの高さの木の上を移動します。1回のスウィングで3mは飛ぶ「ブラキエーション（腕渡り）」という方法で、**遊具の「うんてい」を渡るように、ぶらさがって枝から枝へ進む**のです。

ところが、雨が多い熱帯雨林には枯れ枝もたくさんあります。**運悪く枯れ枝をつかんでしまうと、バキっとおれてたちまち落下。**途中の枝に引っかかるとはいえ、20mくらいは落ちてしまいます。

ある研究者の調査によると、**オスの3頭に1頭、メスの4頭に1頭は、木から落ちて骨を折ったあとが体に残っていた**そう。どうか、安全うんていでお願いします。

**プロフィール**

ほ乳類

- **名前**　シロテテナガザル
- **生息地**　東南アジアの森林
- **大きさ**　体長50㎝
- **とくちょう**　声が大きく、1㎞以上はなれていても聞こえる

# ボツリヌス菌はツンデレ

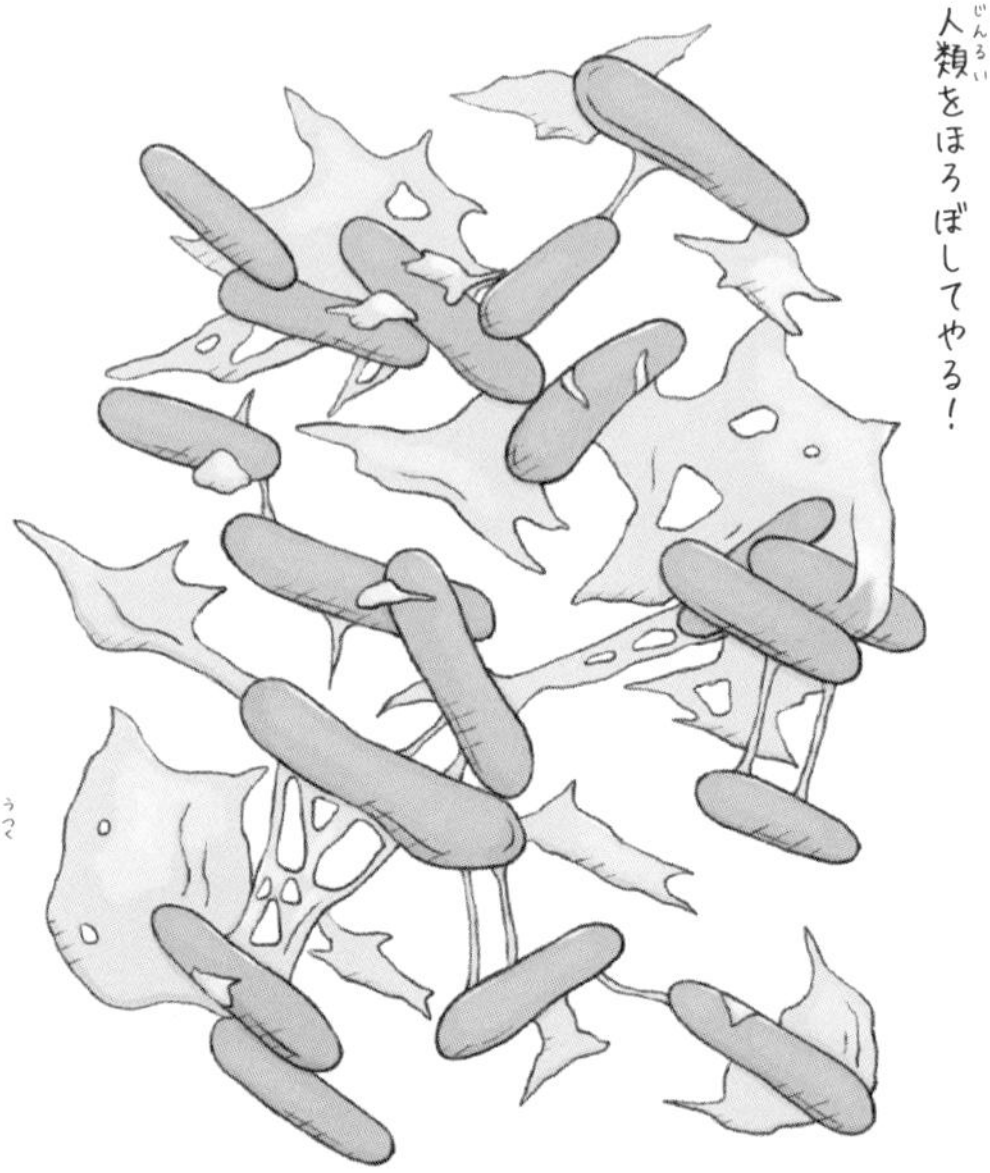

人類をほろぼしてやる！

美しくしてあ・げ・る

ボツリヌス菌は土の中をはじめ、海、湖、川、さらにはハチミツの中など、いたる所にいる細菌です。

ふだんは「芽胞」という状態で眠っていますが、**酸素が少ない環境に置かれると、自然界最強ともいわれる超猛毒を出し始めます。**

その強さは、たった0・00006㎎で人を死にいたらしめるほど。計算上**わずか500g（ペットボトル1本分）ほどで、全人類を殺すことができてしまいます。**

世にもおそろしい細菌ですが、一方で**しわをとったり、医療の役に立ったりすることもある**というから、正しいつき合い方をしていきたいものです。

プロフィール

菌類

- **名前** ボツリヌス菌
- **生息地** 世界中の土、海、川など
- **大きさ** 胞子の大きさ10µm
- **とくちょう** 細菌のなかでは大きい

ざんねん度
とほほほほほほほ

# ティラノサウルスの鳴き声はハト

ティラノサウルスの鳴き声といえば、「ギャオオン！」でしょうか。いずれにせよ、恐竜の王者にふさわしい力強い鳴き声をイメージしますが、じつは最近の研究では、**ほえることができなかったのではないか**と考えられています。

たとえば、**恐竜の子孫である鳥には声帯がありません**。鳥のさえずりは、気管にある「鳴管」という部分をふるわせて鳴らしています。また、**恐竜の化石にも声帯の痕跡が見つかっていない**のです。

鳴けたとしても「クークー」といったハトのような鳴き声だったというから、恐竜ファンにとっては目をそむけたい研究結果です。

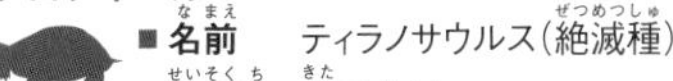

プロフィール

は虫類

- ■**名前**　ティラノサウルス（絶滅種）
- ■**生息地**　北アメリカ
- ■**大きさ**　全長13m
- ■**とくちょう**　「スー」とよばれる骨格標本は約9億円の値がついた

# ホッテントットキンモグラは試練の連続

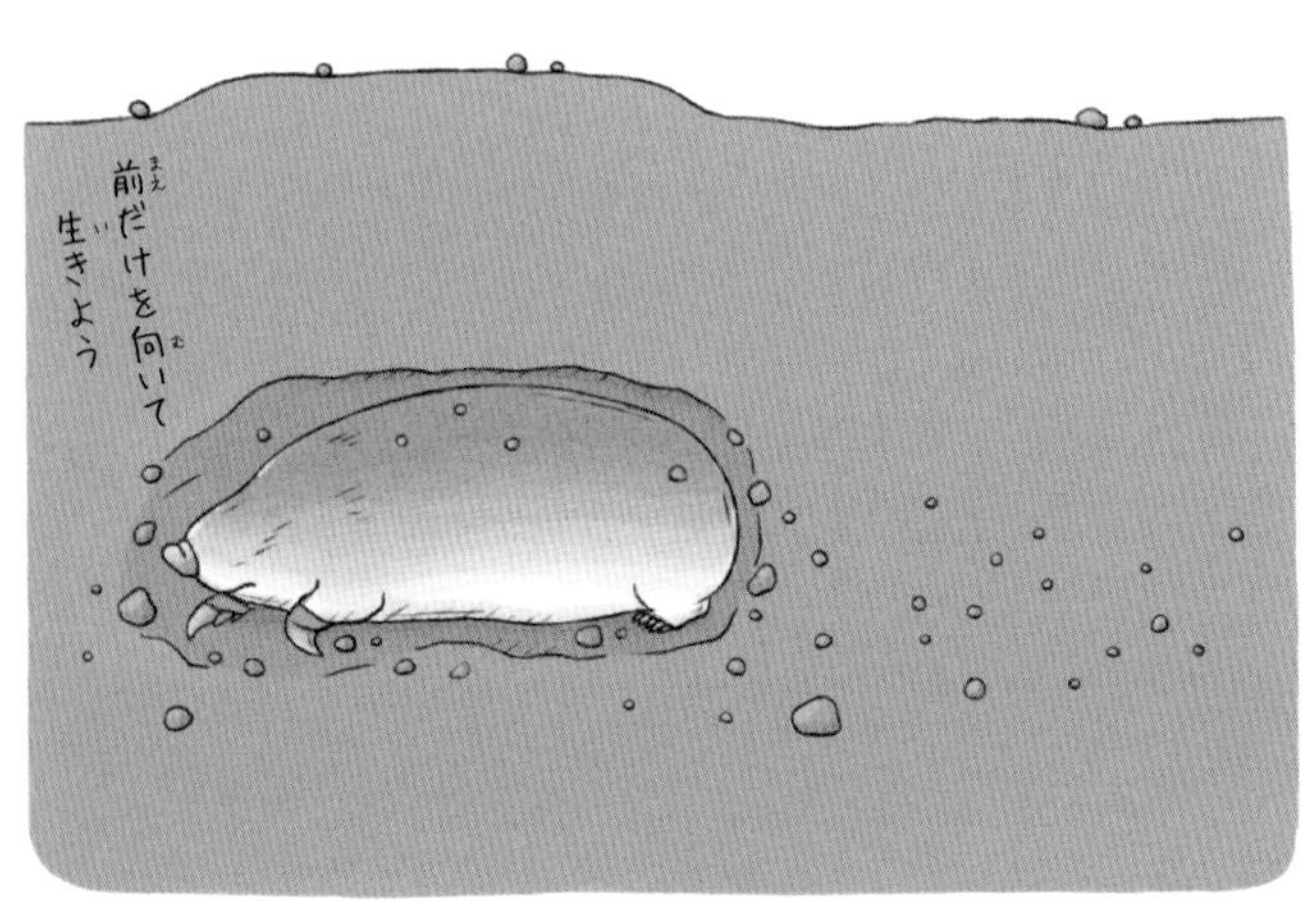


ホッテントットキンモグラは、名前こそハリーポッターに出てきそうなファンタジー感にあふれていますが、生活はかなり過酷です。

かれらがいるのはアフリカ南部の砂漠。ほかのモグラと同じく地中に穴をほってくらしていますが、**目は退化して見えず**、皮ふの中にうもれています。また、**音も聞こえない**ので、においを頼りにミミズなどの食べ物を探します。

さらには**砂漠の砂はサラサラで、せっかく穴をほってもすぐにくずれてしまう**ようです。また地中をほり進むと**砂が盛り上がるため、地上の敵からも居場所が丸わかり**になってしまう弱点もあります。

プロフィール

ほ乳類

- **名前** ホッテントットキンモグラ
- **生息地** アフリカ南部の砂漠
- **大きさ** 体長8cm
- **とくちょう** 体温維持のため、寝ているときも筋肉をピクつかせている

Q シュモクバエのかっこいい基準は？ →答えは94ページ

ざんねん度
とほほほほほほほほ

# アーケロンはカメなのに甲羅にかくれられず、食べられた

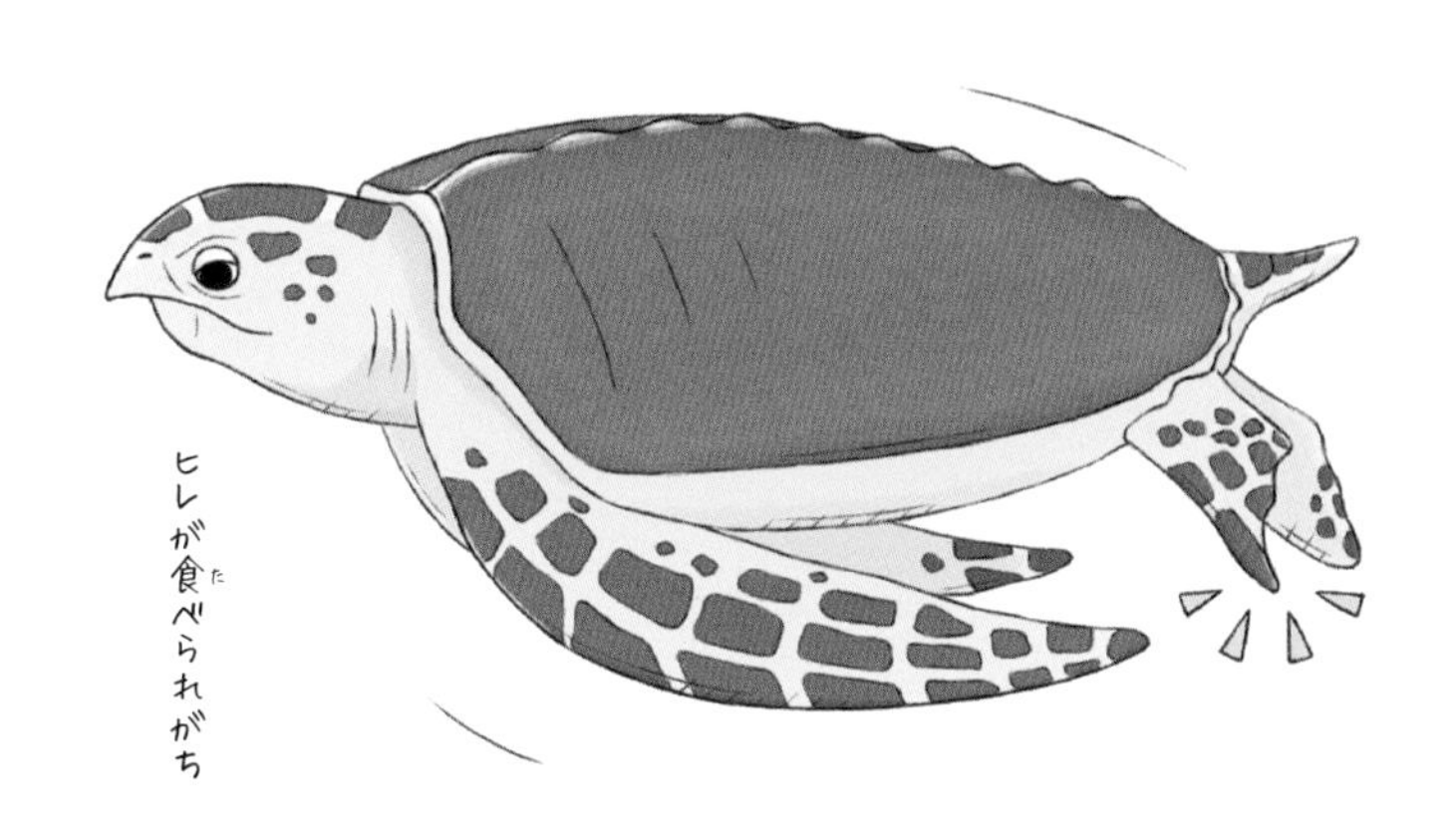


アーケロンは、およそ7500万年前の白亜紀後期にいた**史上最大のウミガメ**です。甲羅の長さは2・2mもあり、その大きさは軽自動車の車内以上。子どもなら4人同時に竜宮城まで運べます。

これほど巨大なら、さぞ体もたくましそうなものですが、じつは**甲羅はやわらかかった**そう。かたい骨の板ではなく、ろっ骨の間に皮が張った傘のようなつくりをしていたと考えられています。

さらに、**カメなのに頭やヒレを甲羅にかくすこともできません**。そのため、天敵のモササウルスやサメに見つかったら最後、パクッと食べられてしまったようです。

プロフィール

は虫類

■**名前**　アーケロン（絶滅種）
■**生息地**　北アメリカ大陸の内海
■**大きさ**　体長3.7m
■**とくちょう**　先が曲がった口で、かたい獲物もかみつぶしていた

# ニシオンデンザメは150歳でようやく大人

「世界一のろい魚」とよばれるニシオンデンザメは、**1年に1㎝ほどしか大きくなれません**。大人になるまでにかかる時間は、なんと150年。寿命は400年以上とされ、江戸時代が始まったころにうまれた個体が、まだ生きている可能性もあります。

また、成長だけでなく、泳ぎも超スローです。**平均時速は約1㎞で、人間の赤ちゃんのハイハイと同じくらい**。尾ビレを左右に1回ふるだけで7秒もかかります。

ふしぎなのは、**こんなにのろいのにサケやアザラシを食べる**ということ。どうやってつかまえているのか、ふしぎでなりません。

プロフィール

軟骨魚類

■名前　ニシオンデンザメ
■生息地　北大西洋
■大きさ　全長7m
■とくちょう　ふだんは深海にすむが、食べ物を求めて浅瀬にもくる

# チーターの狩りは代償が大きい

チーターは、陸上でいちばん足が速い動物。**スタートからわずか3秒で時速100km近いスピードが出せる**など、レーシングカーを超える加速力をもっています。

これだけ足が速ければ、獲物もすぐにつかまえられそうですが、**狩りの約2回に1回は失敗**します。

かれらが**全速力で走れるのは、だいたい200～400mほど。**そのため、獲物を確実につかまえられる距離になるまで、気づかれないようにそーっと近づかなければならず、全速力の見せ場はなかなかありません。また、獲物をしとめても、**食べる前に30分は休憩が必要**みたいです。

プロフィール

ほ乳類

| | | | |
|---|---|---|---|
| ■名前 | チーター | ■大きさ | 体長1.3m |
| ■生息地 | アフリカから南アジアのサバンナ | ■とくちょう | 目がいいので、目で見て獲物を探す |

# コンゴウインコはひますぎて、なぜか逆立ちを始める

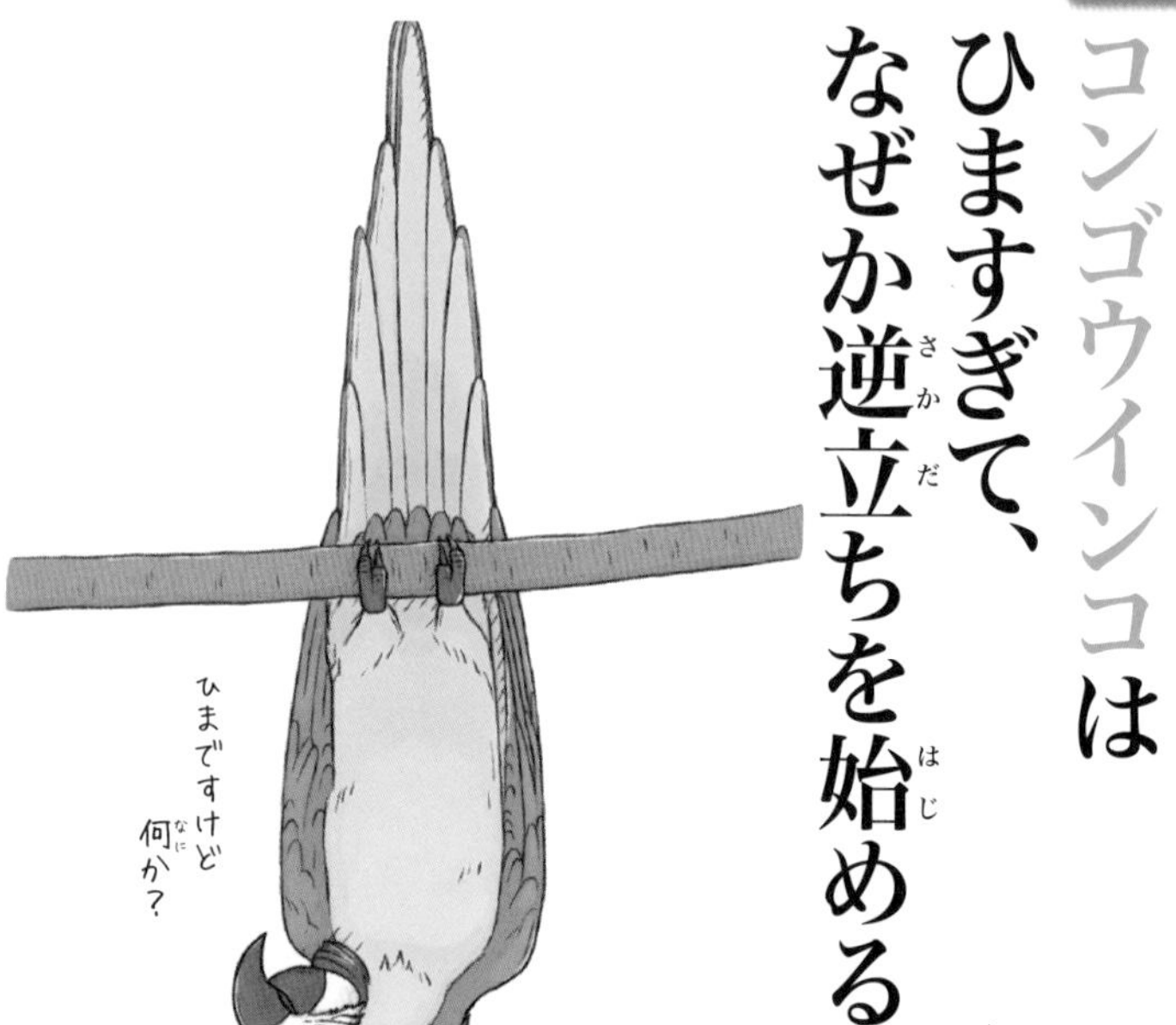


インコのなかでも大きく、色があざやかなため「王様インコ」ともいわれるコンゴウインコ。大きくて強力なくちばしで、ほかの動物が食べられない**かたい木の実を割って食べることができます**。

食べ物をひとりじめできるかれらは、食べ物を探すのに時間がかからないため、時間をもてあましています。そのためいつからか、**無意味に枝をおって捨てたり、枝に逆さまにぶらさがって、ぶらんぶらんと体をゆらしたりする**ようになりました。ひますぎるのです。

とはいえ、遊べるのは知能が高い証拠。もう少し有効なひまつぶしは考えられないものでしょうか。

**プロフィール**

鳥類

■**名前** コンゴウインコ
■**生息地** 中央アメリカから南アメリカの北部の森林
■**大きさ** 全長84㎝
■**とくちょう** 人間の3歳児ほどの知能レベルをもつと考えられる


→答えは98ページ

# オオアナコンダにはじつは足があるが、役に立たない

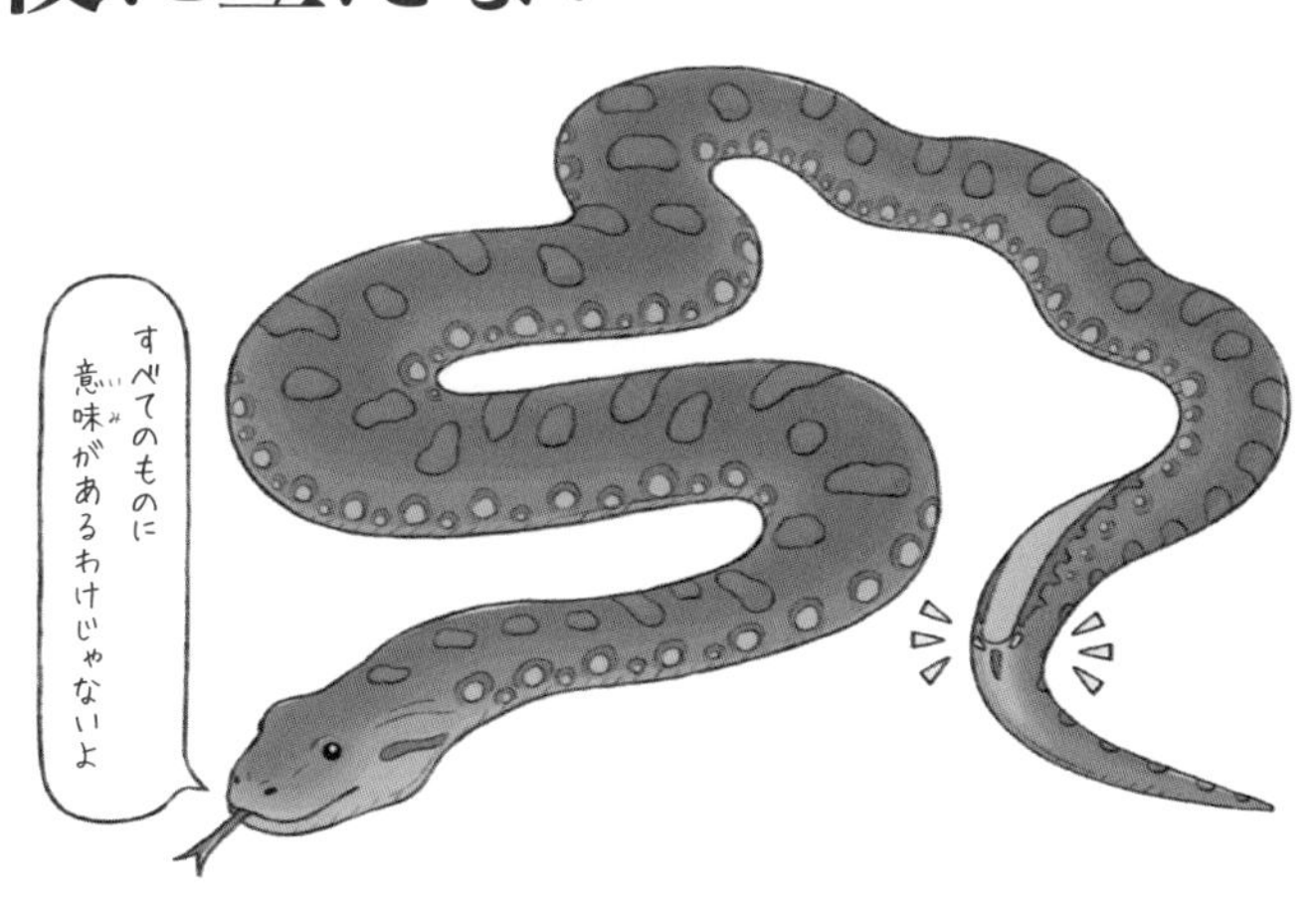

すべてのものに意味があるわけじゃないよ

じつは大昔、**ヘビは歩いていました**。トカゲのように4本の足があったのです。その後、**落ち葉の下や岩のすきまをスムーズに移動できるように足が小さく退化して**いき、今のような体つきになったと考えられています。

しかし、オオアナコンダの体をよーく見てみると、**おしりの穴の両側に小さな爪のようなでっぱり**があることに気づきます。これは「**蹴爪**」といって、**退化したうしろ足の名残**。オオアナコンダなど、一部の原始的なヘビだけに見られるとくちょうです。

ただし**小さすぎて、今は何の役にも立ちません**。

プロフィール

は虫類

■名前　オオアナコンダ
■生息地　南アメリカ北部の熱帯雨林
■大きさ　全長7.5m
■とくちょう　体重は100kg以上になり、世界最大のヘビといわれる

# ヒルの9割は血を吸わない

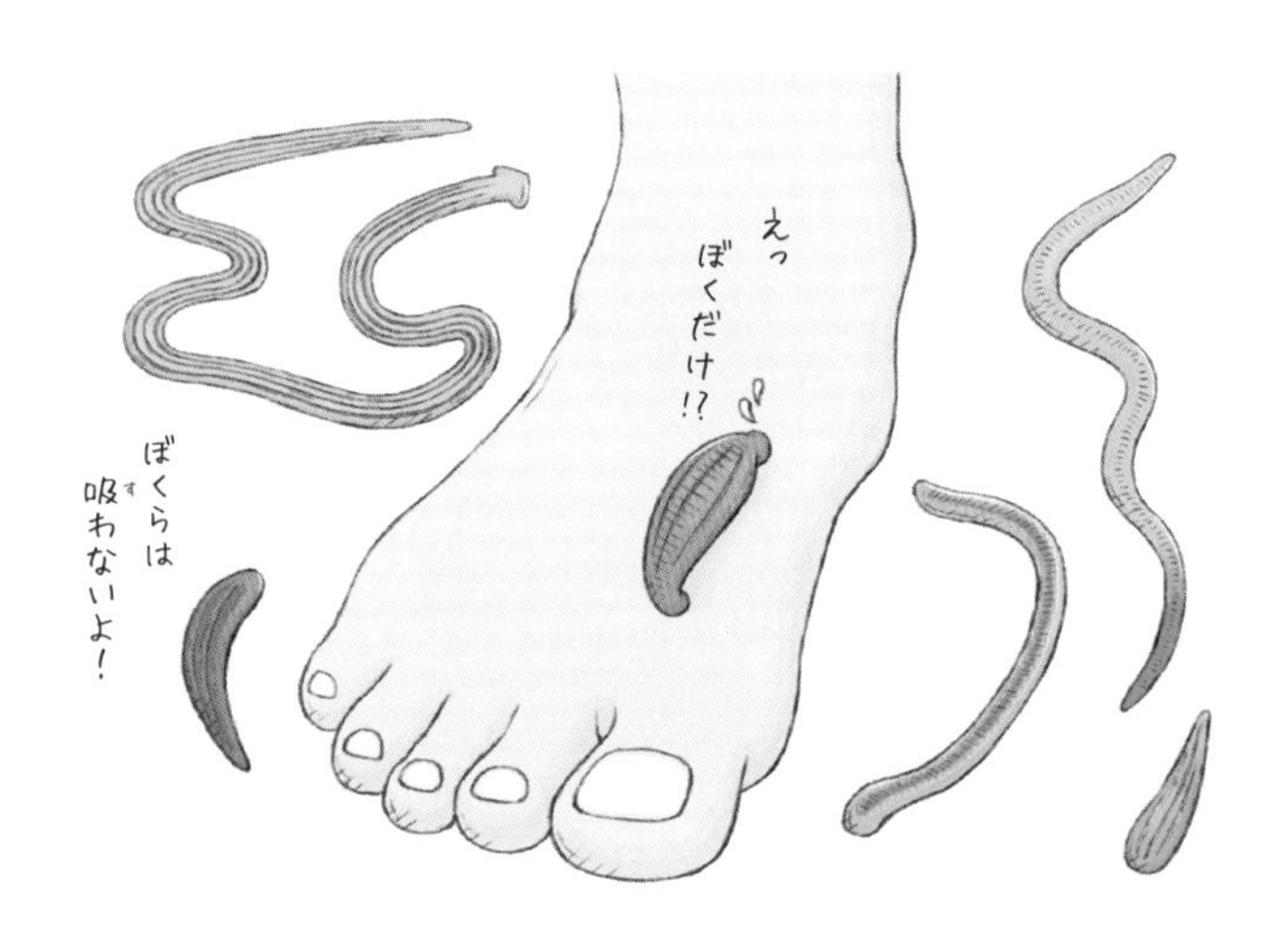


ヒルと聞くと**「血を吸う生き物」**と考える人も多いと思います。たしかに**日本にいるヤマビルなどは動物の血が大好物**。シカやイノシシの体に張りついて、1回に2mLほどの血を吸います。しかも血を吸うときに、血が固まりにくくなる物質を出すため、吸血したあともしばらく血は止まりません。

このようにおそろしい能力をもつヒルですが、じつは世界に360種ほどもいて、**血を吸うのはわずか1割だけ**。多くは微生物や貝、ミミズなどを食べています。

**ほとんどのヒルは人に無害**なのに、血を吸うこわい生き物と、きらわれてしまっているのです。

プロフィール

ヒル類

- **名前** ヒル
- **生息地** 世界中の水辺など
- **大きさ** 全長3㎝
- **とくちょう** 体の前後に吸盤があって、それで動いたりもする

A 96ページの答え→ 約8000本

# アンチエタヒラタカナヘビのへんてこなダンスは、ただ熱いだけ

　アンチエタヒラタカナヘビは、「カナヘビ科」に属するトカゲ。**最高気温が40度を超えるナミブ砂漠でくらしています。**
　じりじりと太陽に照らされた砂は最高70度ほどにもなり、目玉焼きが焼けるレベルの熱さに。そのため**砂漠を移動するときは、いつも全力疾走**です。少しでも足が地面にふれる時間を短くして、やけどしないようにしているのです。
　しかし、ここは砂漠。どれだけ走ろうが日かげなどいっさいありません。やがて走り疲れて止まらざるをえなくなると、**足を交互に上げて冷やす「アチアチダンス」で熱さをしのぎます。**

プロフィール

は虫類

■名前　アンチエタヒラタカナヘビ
■生息地　アフリカ南部のナミブ砂漠
■大きさ　全長6cm
■とくちょう　頭の上に第3の目がある

# サイは目が悪すぎて、毎日がドッキリ

よく見えなくてごめんなさい

3tもある巨体と長い角をもち、**陸上動物のなかでも最強クラス**といわれるシロサイ。植物食動物ではありますが、ジロリとにらまれると恐怖を感じます。

しかし、シロサイは**ものすごく目が悪く、じつはこちらのことはよく見えていません**。そのため目の前の草ばかり見ていて、知らぬ間に人間が乗った車に近づいてしまうこともあるとか。残り数mの距離まで近づいて、ようやく車に気づいたかれらは、**あわててものすごい速さで逃げていきます**。

自分から近づいておいて、びっくりしているシロサイは、毎日がドッキリの連続です。

プロフィール

ほ乳類

■名前　シロサイ
■生息地　アフリカ東部と南部のサバンナ
■大きさ　体長3.8m
■とくちょう　体は灰色だが、読み間違いで「白いサイ」とされた


→答えは102ページ

ざんねん度
とほほ

# ニシンのおならは甲高い

もうかりまっか？
ぼちぼちでんな

ニシンは、**巨大なむれをつくって海を回遊する魚**です。むれをつくることで、サメやマグロなどの大型魚にかんたんに食べられないようにしています。

しかし、ニシンが泳ぐ水中も夜は暗く、目で見てなかまの姿を追うことはできません。そこでかれらはある音を使ってむれをまとめています。それぞれが高音の**「おなら」を出すことで、むれがバラバラにならないようにコミュニケーションをとっているの**です。

とても音が高いため、**水中でも遠くまで届くほか、サメやマグロに盗み聞きされる心配もない**便利な「おなら」のようです。

プロフィール

■**名前**　ニシン
■**生息地**　世界の冷たい海
硬骨魚類

■**大きさ**　全長35㎝
■**とくちょう**　うろこがはがれやすく、ほとんどなくなってしまう

# ホシバナモグラの鼻は性能はすごいけど、気持ち悪い

ホシバナモグラの鼻は、まるでエイリアンに寄生されたかのようで、だいぶホラーです。しかし、この鼻**のおかげで暗い地中でも、すばやく食べ物を見つけられます。**

鼻の左右には計22本のウネウネと動く突起があり、その**感度は人間の指先の5倍以上**。かれらはこの突起を、1秒間に12回というプロゲーマーもびっくりの速さで地面にたたきつけ、まわりの物体の形や質感、温度などを感知しています。そして昆虫やミミズなどの**獲物にふれた瞬間、わずか0・25秒でのみこんでしまう**のです。

高性能すぎて、鼻というより、外に飛び出ちゃった脳のようです。

プロフィール

ほ乳類

| | | | |
|---|---|---|---|
| ■名前 | ホシバナモグラ | ■大きさ | 体長11㎝ |
| ■生息地 | カナダ、アメリカ北部の地中 | ■とくちょう | 水に入ると上手に泳ぎ、水中でにおいをかぐこともできる |

# クビキリギスは頭がすぐぬける

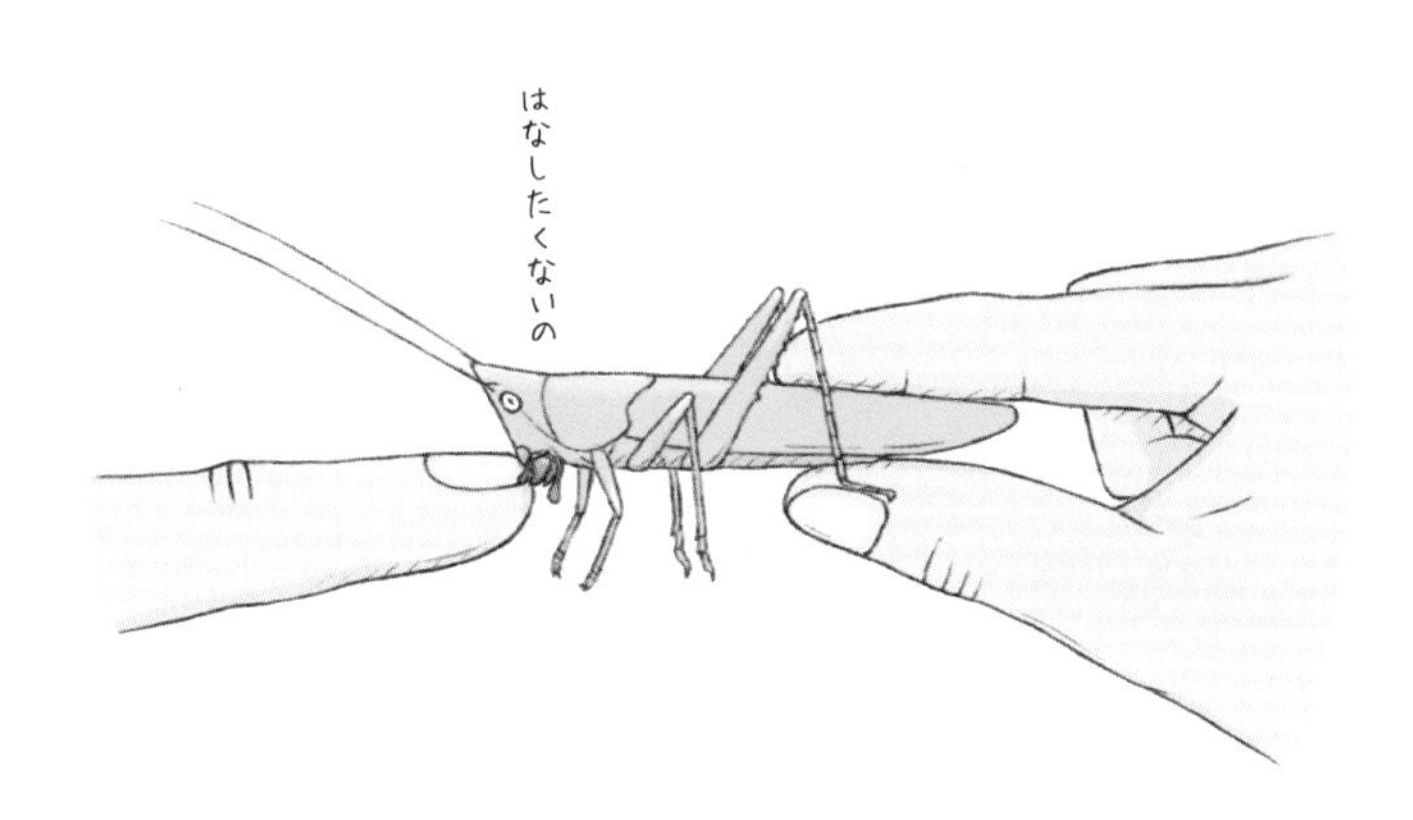


　クビキリギスは、日本各地の草原で見られるキリギリスのなかま。最大の武器は、**強く発達したあご**で、ほかの虫では歯がたたないようなかたい種や若芽も、バリバリと食べてしまいます。

　かれらは漢字で「首切螽蟖」と書き、**口のまわりが赤いことから別名「血吸いバッタ」**ともよばれます。きっと自慢のあごで敵の首を切断し、血をすするのだろう……なんて想像してしまいますが、**切れるのは自分の首**です。

　あごの力が強すぎるあまり、かみついたクビキリギスを引きはがそうとすると、すぽんと頭がぬけてしまうことが、名前の真相です。

プロフィール

昆虫類

■ **名前**　クビキリギス
■ **生息地**　日本全国の草原
■ **大きさ**　体長4cm
■ **とくちょう**　体は緑色のものと茶色のものがいる

# ミミックオクトパスはものまねの達人だけど、自分もまねされている

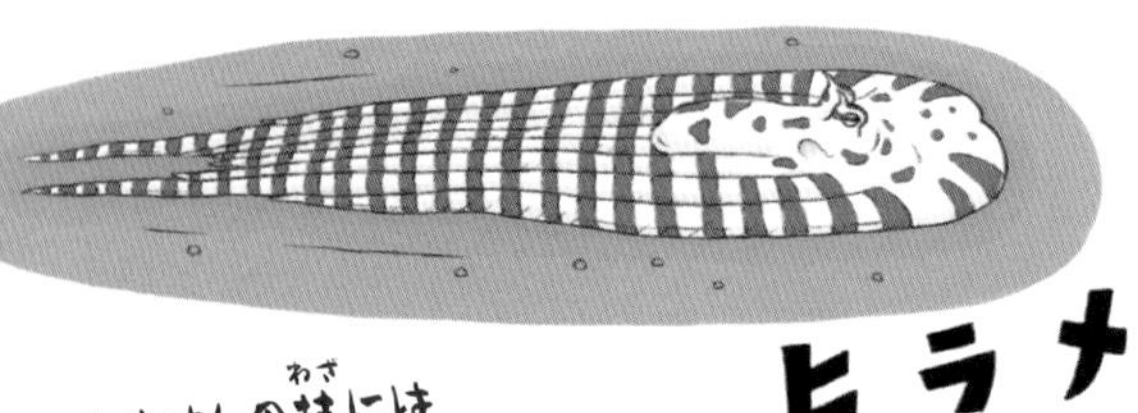

ヒラメ

だれもオレの技（わざ）には
勝（か）てまい
ヒトデ

Q コアジサシはどうやって敵をやっつける？

→答えは106ページ

ミミックオクトパスは、「海の忍者」といえるほど、おどろくべきスキルをもっています。

かれらは**一瞬で体の色を変えて、海底の砂や岩に完全に同化**します。それだけではありません。自在に動く8本の足を使って、**ヒラメやクラゲ、ウミヘビなどの「形態模写」までする**のです。そのレパートリーは、数十種にもおよぶとか。

そんなかれらにあこがれたのか、**ミミックオクトパスの「足のものまね」をする魚**も出てきました。体をクネクネと動かして、まるで9本足になったかのようですが、ミミックオクトパス自身は、まさか自分がまねをされているとは夢にも思っていないようです。

プロフィール

頭足類

■**名前**　ミミックオクトパス
■**生息地**　インド洋から太平洋西部の浅い海
■**大きさ**　全長60cm
■**とくちょう**　夜になると砂にもぐって休む

# タートルアントには頭で巣をふさぐドア係がいる

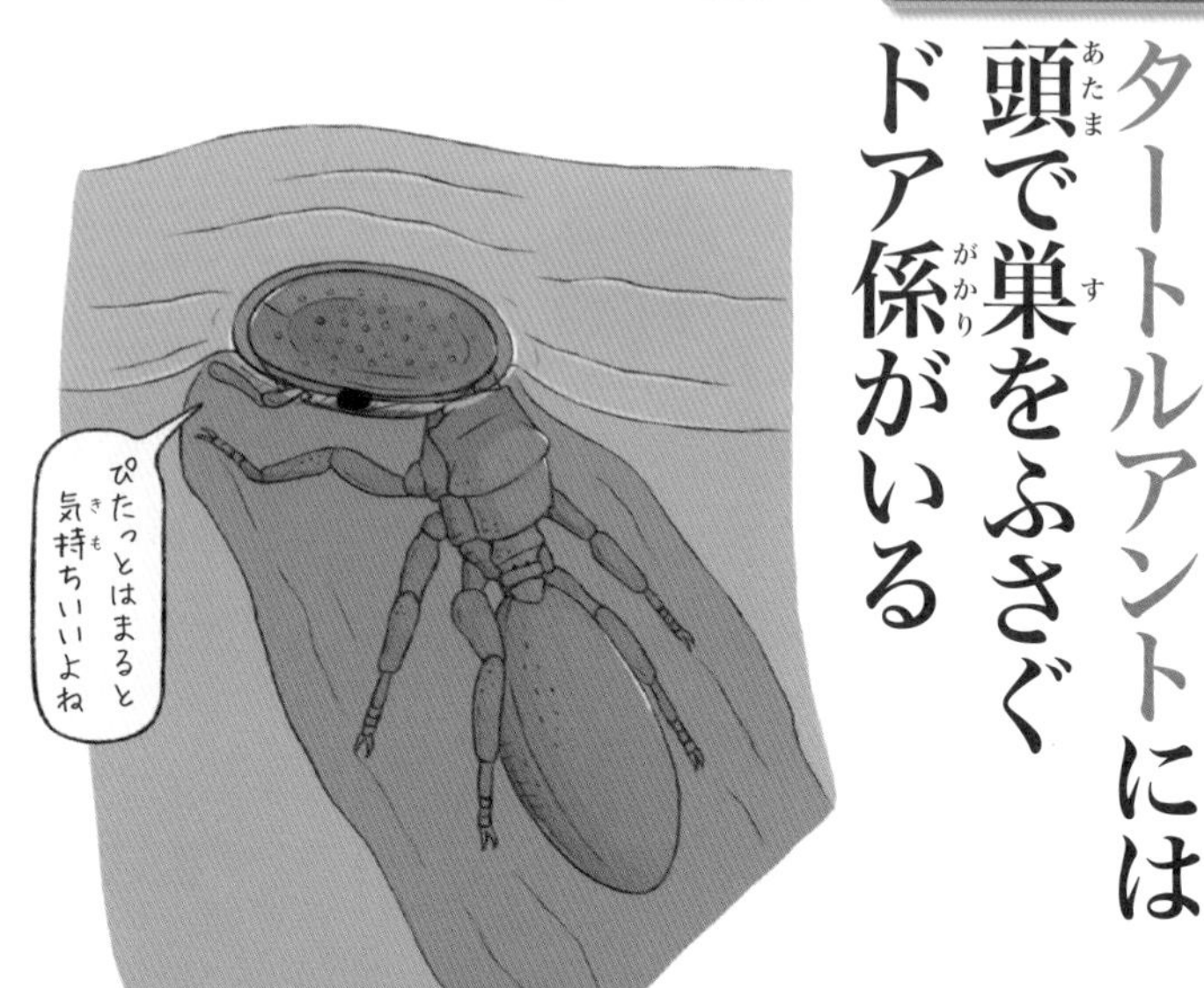


戸締まりはきちんとしないと、泥棒に入られて困ります。そんな事情はアリも同じ。大事な幼虫や卵を敵に食べられてはたいへんです。そこでタートルアントは、自分の**頭をマンホールのふたのような形にして、巣穴の入り口をぴったりふさげる**ようにしました。

ちなみに、みんながこんな頭をしているわけではありません。タートルアントのむれには、女王アリのほかに、兵士アリと働きアリがいて、**兵士アリの頭だけがマンホールのフタのような形になります。**

ただ、**実際には兵士というよりもドア係**で、頭を踏んづけられてもじっとたえるしかありません。

プロフィール

昆虫類

- **名前** タートルアント
- **生息地** 北アメリカ南部から南アメリカの森林
- **大きさ** 体長4㎜
- **とくちょう** 木に巣穴をつくってくらす

ざんねん度
とほほほほ

# シリキレグモのおしりはハンコ型

だからって
インクはつけないでね

体で巣をふさぐ生き物は、ほかにもいます。シリキレグモは、空中に巣をはらず、**地面に巣穴をほってくらすクモ**。巣穴でじっと獲物がくるのを待ちかまえ、近くにきた瞬間、中に引きずりこんで食べてしまいます。

かれらのとくちょうは、まるで切り落としたかのように真っ平らなおしり。この**おしりを、コルクの栓のように巣穴の入り口にはめて、敵が中に入るのを防ぐ**のです。

断面はナイフでも傷がつかないほどかたく、家紋のような渋いデザインがほどこされています。ハンコにしたら、おごそかでいい感じのおしりです。

プロフィール

| | |
|---|---|
| ■名前 | シリキレグモ |
| ■生息地 | 中国南東部やインドシナ半島の森林 |
| ■大きさ | 体長2.5㎝ |
| ■とくちょう | 崖に巣穴をほってくらす |

鋏角類

# ヒトヨタケは一夜にしてどろどろに溶ける

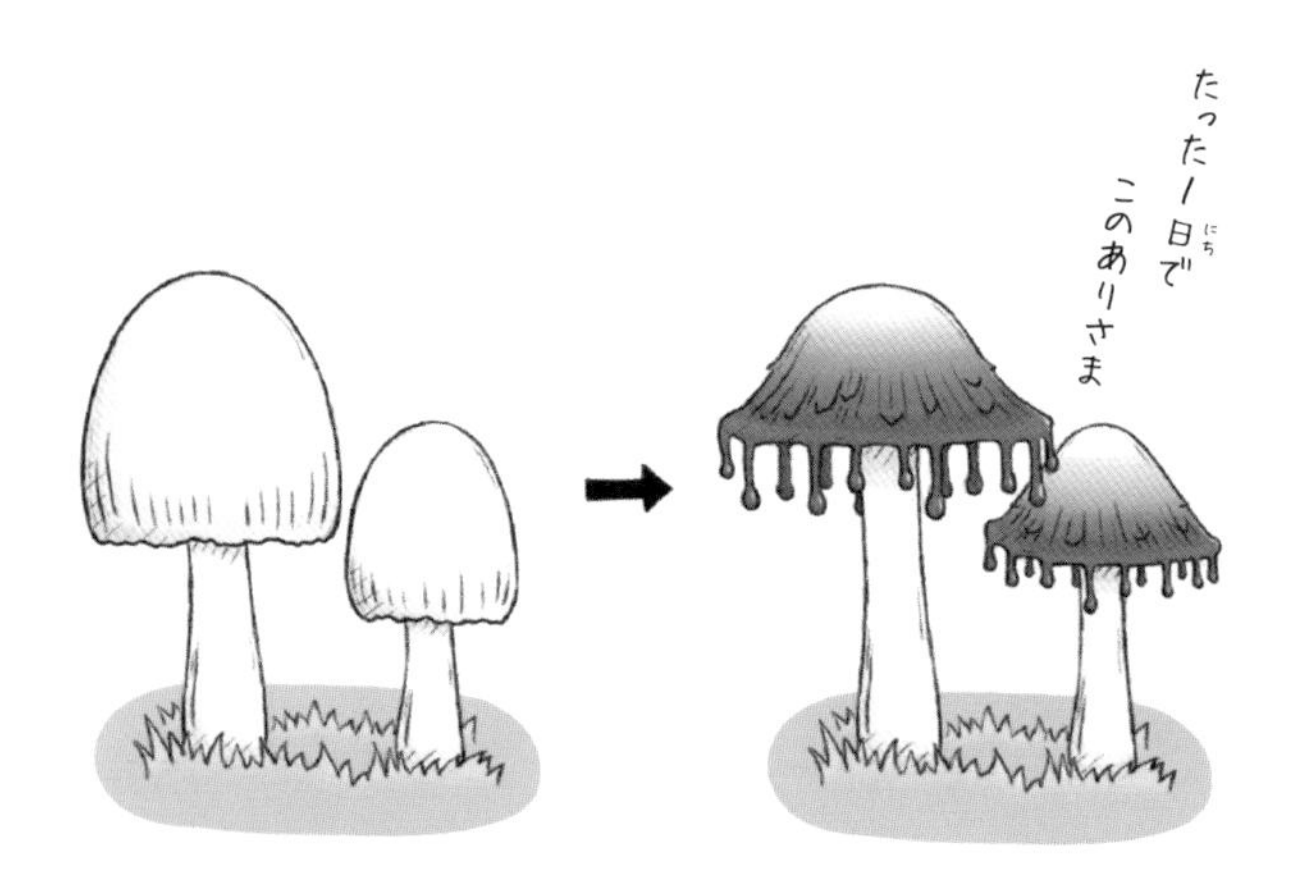


ヒトヨタケは、白くてかわいい見た目をしています。しかし、その姿は「一夜」の名のとおり、一晩でがらりと変身。呪いにかけられたかのように、**かさの部分がドロドロに溶け、黒いインクのような液状になってしまう**のです。

じつはこれは呪いではなく、ヒトヨタケ自身がやっていること。自分で**かさの部分を消化して液状にすることで、胞子を地面にばらまいています。**

ちなみに、溶ける前は食べられ、かさはマシュマロ、柄はアスパラガスのような食感だとか。ただし、お酒といっしょに食べると中毒を起こすので大人はご注意ください。

プロフィール

菌類

■名前　ヒトヨタケ
■生息地　世界の温帯地帯
■大きさ　かさの直径7cm
■とくちょう　林の中で、枯れ木やたおれた木に生える

Q キリンはどうやって鼻くそをほじる？ →答えは116ページ

ざんねん度
とほほほほほほほ

# フラミンゴは25m助走しないと飛べない

オリの中じゃ
わたしは羽ばたけないわ！


動物園でフラミンゴを見ていると、あることに気づきます。ほかの鳥が「屋根のある」ケージなどで飼われているのに対し、フラミンゴは**「屋根がない」水辺などで飼われている**のです。

ほかの鳥と同じようにフラミンゴも**飛べるのに、なぜ逃げてしまわないのでしょうか？**

その理由のひとつは、フラミンゴが**長い助走がないと飛び立てない**からです。一説には、飛び立つまでに25mも助走がいるのだとか。そのため屋根がなくても、助走するスペースがないせまいところであれば、飛んで逃げることはできないというわけです。

プロフィール

鳥類

■名前　ベニイロフラミンゴ
■生息地　中央〜南アメリカの水辺
■大きさ　全長1.4m
■とくちょう　水をすくい、プランクトンなどをこしとって食べる

ざんねんな人間たちによる

# ざんねんなことわざ

有名なことわざのなかには、生き物たちへの誤解をうむものも……。「5・7・5」のリズムにのせて、もの申します。

馬の耳に念仏
意味：何を言っても無駄なこと
鳴き声の
違いがわかる
馬の耳
能ある鷹は爪をかくす
意味：力ある者は、力を誇示しないこと
鷹の爪
猫のようには
かくせない
負け犬の遠吠え
意味：かげでいばったり、悪口を言ったりすること
負けたって
言い訳なんて
しないワン

意味：寝たふりをすること
おどろくと本気で意識失います

鶏は三歩歩けば忘れる
意味：物覚えが悪い人のたとえ
お勉強ケッコー得意なわたしです

鴨がネギをしょってくる

意味：願ってもない好都合なことが起こること

ネギ食えばなるカモしれない貧血に

フラッ

ドングリの背くらべ
意味：どれも似たりよったりであること
ドングリもぜんぜん違うよ体格が

進化のじまん話

# 3 まさかの鳴き声

ワライカワセミだよ、アハハハハハ！
いや、失礼。これは鳴き声でね。
人間の笑い声そっくりって、よくいわれるよ。
夜明けと日暮れどきによく鳴くから、
「田舎者の時計」なんていわれたりもするんだ。

はじめまして、シロサイです。
けんかがきらいで、ふだんは草を食べて暮らしています。
じつは、声がネコみたいでかわいいねって、よくいわれるんです。
見た目と声とのギャップがまたたまらない、ですって？
照れますニャー。

シロサイ
「ニャー」というネコのような鳴き声

ワライカワセミ
人の笑い声のような鳴き声

やあ、スズドリだぜ。
だれよりも声がでかければ、遠くのあの子にも聞こえるだろ?
だから、モテるために鳴き声をきたえたんだ。
今じゃ、ロックコンサートのスピーカーなみにでかい声だぜ。
音がでかいほうが、ロックでかっこいいだろ!?

**スズドリ（オス）**
大音量のブザーのような鳴き声

ねん

# 第5章 こだわりがざんねん

こだわりは、人それぞれ、
生き物それぞれです。
とはいっても、「それはいかがなものか」と
見過ごせないこだわりをもつ生き物たちを見てみましょう。

# トラはぬいぐるみが落ちているだけで道を変える

ネコ科の動物は、地上最強のハンターです。たとえば、アフリカではライオンやチーター、アジアではトラ、アメリカではピューマと、**各大陸の頂点捕食者は、ネコ科でしめられています。**

そのなかでも、**いちばん体が大きいのがトラ。**200kg近いウシを運べるほど力が強いだけでなく、大きな牙でクマやゾウも倒してしまうなど、一対一の戦いなら、向かう所敵なしでしょう。

ところが、ネパールの公園では**落ちていたうさぎのぬいぐるみをわざわざ避けて歩いた**とか。最強のトラには、じつは笑っちゃうほど用心深い一面もあるのです。

プロフィール

ほ乳類

■名前　トラ
■生息地　アジアの森林
■大きさ　体長2.3m
■とくちょう　10kmほどのなわばりを毎日パトロールする

A 108ページの答え→　長い舌を使う

# デグーは
# お腹がすきすぎると
# ウシのうんこに手を出す

ついにこいつに手を出すときがきたか……

デグーは、山でくらすネズミのなかま。ずんぐりした体とつぶらな瞳で、多くの人をとりこにしています。また、**砂浴びをして体をきれいにする**、**巣の中ではうんこやおしっこをしない**など、きれい好きな一面もあります。

それなのに、なぜか**ウシのうんこを食べます**。ふだんは草の葉や種、木の実を食べていますが、乾季に食べ物が少なくなると、ウシのうんこに手を出すようになるのです。ウシのうんこには、**消化しきれなかった草がたくさん残っている**ので、お腹がペコペコのデグーには、ごちそうに見えるのかもしれません。

プロフィール

ほ乳類

- **名前**　デグー
- **生息地**　南アメリカの山地
- **大きさ**　体長15㎝
- **とくちょう**　前歯がオレンジ色をしている

# オカピの子どもがお母さんを見分けるポイントは、おしり

警戒心が強く、野生ではどんなくらしをしているのかよくわかっていない珍獣オカピ。見た目はシマウマやシカのようですが、じつは**キリンのなかま**です。

体の一部にある白と黒のしま模様は、何もないところで見るととても目立ちますが、ジャングルの中では**敵の目をあざむき、見つかりにくくする効果がある**のだとか。さらにオカピの子どもは、**おしりのしましまで自分の母親を見分けている**というのです。

白と黒のパターンで個体を特定できるなんて、バーコードのようでハイテクですが、顔や胴体ではいけなかったのでしょうか。

プロフィール

ほ乳類

■名前　オカピ
■生息地　アフリカ中央部の森林
■大きさ　体長2.1m
■とくちょう　舌が長くて、伸ばすと耳までとどく

# サケイの子どもはお父さんの胸毛を吸う

サケイは暑く乾燥した砂漠に巣をつくります。敵も少なく、安全に子育てができるのですが、大きな問題がひとつ。**生きるのに欠かせない「水」が近くにない**のです。

そこでサケイのお父さんは、早朝や夕方になると、なかまと片道60㎞もはなれた水たまりへ出かけます。そして、水たまりに着くやいなや、腹からダイブ！　**胸毛をたっぷりとぬらして巣に帰ります。**

まるでお乳をあたえる母のようにヒナたちに水をあたえる父。しかし、子どもが吸っているのは、**15cc以上と、10分間も吸い続けられるほどの水をたくわえられる、父の偉大な胸毛**なのです。

プロフィール

鳥類

■**名前**　サケイ
■**生息地**　中国からカスピ海の乾燥地帯
■**大きさ**　全長39㎝
■**とくちょう**　ヒナはうまれてすぐに歩いて食べ物を探す

# プレーリードッグはみんなでバンザイをする

むれでくらすプレーリードッグは、なかまとのきずなが深い動物。むれの見張り役は、コヨーテなどの敵を見つけると**キャンキャンと鳴いて、なかまに危険を知らせます。**

かと思えば、**キューと鳴きながら「バンザイ」をする**こともあります。1匹がバンザイをすると、すぐそばにいるプレーリードッグもバンザイ！ さらに隣のプレーリードッグもバンザイ!! と、まるで観客のウエーブのように、**みんなでバンザイをつないでいきます。**

これは、**なかまに安全を知らせる「オーケーコール」**という行動なのですが、アピールが強すぎて、別の敵に見つかってしまいそうです。

プロフィール

ほ乳類

■名前　オグロプレーリードッグ
■生息地　アメリカ中央部の平原や高原
■大きさ　体長30㎝
■とくちょう　なわばりにほかのオスが入ると、くさいにおいを出す

A 118ページの答え→ 石

ざんねん度 とほほほほほほ

# ガマアンコウは名曲をつくれないとモテない

ガマアンコウのオスは、**歌でメスに愛を伝えます。**「ゴッ」という短い音と「ブー」という長い音の2種類を組み合わせ、オリジナルのラブソングをつくるのです。

ただしオリジナル曲ができても、かんたんにはモテません。オスがメスに歌を歌っていると、別のオスが近くにやってきて、ラッパーのごとく「歌バトル」をしかけてきます。**最後まで歌い続けたものにしか、メスはふりむきません。**

**歌はパターンが独創的なほど、ほかのオスからじゃまされにくく、**「ここで『ゴッ』を2回入れるか……」といったことに、かれらは今日も頭を悩ませているのです。

プロフィール

硬骨魚類

- **名前**　スプレンディッド・トードフィッシュ
- **生息地**　カリブ海の海底
- **大きさ**　全長20cm
- **とくちょう**　コスメル島の近海にしかいない

ざんねん度
とほほほほ

# マエガミジカはするどい牙をもつのに、草しか食べない

自分
草しか食べませんから

シカといえば、枝分かれした大きな角がトレードマークです。しかし、マエガミジカには角が見当たりません。かれらの**角はたった数cmしかなく、名前にもあるフサフサの前髪にかくれている**のです。

そのかわりのように、**オスには2本のするどい牙**が生えています。まるで吸血鬼のようなので、「マエガミジカは血を吸うんだな」と思いきや、**食べ物はふつうの草。不安になると、すぐに走って逃げる点もほかのシカと同じ**です。

メスをうばい合ってほかのオスと戦うときには牙を使うというのですが、角より牙で戦うことにしたメリットがいまいち見えません。

プロフィール

ほ乳類

- **名前** マエガミジカ
- **生息地** ミャンマーや中国の森林
- **大きさ** 体長1.4m
- **とくちょう** 4600mにもなる高地にも生息する

Q マツボックリはリスに食べられるとどうなる？

→答えは124ページ

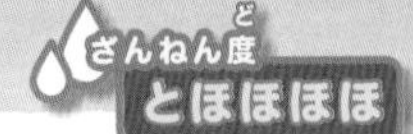


# キスジフキヤガエルはおしっこで卵をかえす

キスジフキヤガエルは、ヤドクガエルのなかまで、皮ふに神経をまひさせる強力な毒があります。

かれらは**水の中ではなく、地上でくらしています**。子づくりの時期になると、オスの声にさそわれてメスがやってきて、**落ち葉の上に7～20個ほどの卵をうみます**。

ところが地上ということもあり、卵を乾燥から守る水分が足りません。そこでオスがひらめいた解決法は、**おしっこでうるおいをあたえる**というものでした。

卵がかえるまで何回もおしっこをかけてあげるのですが、うまれてきた赤ちゃんがにおわないのか、気になって仕方がありません。

**プロフィール**

両生類

■**名前**　キスジフキヤガエル
■**生息地**　コスタリカの森林など
■**大きさ**　体長3cm
■**とくちょう**　鳴き声がとても美しい

# アカミノフウチョウはダンスの舞台が汚いとフラれる

きれいなところじゃないとプロポーズ受けないわ
ちょっと待ってください

アカミノフウチョウのオスは、とにかくしゃれています。青、黄、赤の信号機カラーの体に、クルっと巻いたダリ※のひげみたいな尾羽まで生やしています。

かれらは、愛の告白もおしゃれ。オスは木の根元のステージに立ち、**木の上にいるメスに向かって求愛のダンスをおどります**。しかし、このとき**ステージの地面が汚いと、一瞬でフラれます**。人間と同じで、メスにモテるためには「清潔感」が大切なのです。

そのためオスは告白の大舞台に立つ前に、ステージに**木の葉が1枚も落ちていないよう、必死にそうじをしなくてはなりません**。

※サルバドール・ダリ。ひげがトレードマークの有名な画家

プロフィール

鳥類

■名前　アカミノフウチョウ
■生息地　インドネシアの島の林など
■大きさ　全長21㎝
■とくちょう　オスの頭の青い部分は羽毛ではなく、むきだしの皮ふ

# アワフキムシのかくれ場所はおしっこ

きれいなおしっこでしょ?

　トイレでおしっこをしたとき、水面にブクブクと泡が立ったことはありませんか。そんな**おしっこの泡を使って、自分の身を守る**のがアワフキムシの幼虫です。

　かれらは植物の汁を吸って生きています。そのときあまった水分、つまりおしっこに、たんぱく質や空気をまぜこんで、**お腹からクリーム状の泡を出す**のです。泡はどんどん増え、やがて体をすっぽりと包みこみます。

　まるでおしゃれな人が入る泡ぶろのようにも見えますが、実際のところは**風や雨にさらされてもびくともしないくらいネチョネチョなおしっこ**なのです。

プロフィール

昆虫類

- **名前**　シロオビアワフキ
- **生息地**　日本全国の林など
- **大きさ**　体長1.2cm
- **とくちょう**　ヤナギやクワなどの木に寄生する

# イトヨは赤ければ何でも敵

イトヨのオスは、**子どもをつくる時期になると、お腹の部分が金魚のような赤色に変色**します。

これは「子どもをつくる準備ができました」というサイン。この**赤い色を見て寄ってきたメスを、水草でつくった自分の巣にさそいこみ、卵をうんでもらう**のです。

一方で、この時期のオスはとても攻撃的。赤いものを見ただけで「ほかのオスがじゃましにきた！」と思ってしまうようです。ある実験では、イトヨそっくりの形の模型を近づけても反応しないのに、**下の部分を赤くぬった「ただの石」を近づけただけで、ものすごい勢いで体当たりをくり返しました。**

プロフィール

硬骨魚類

■名前　イトヨ
■生息地　北半球の亜寒帯の淡水
■大きさ　全長8㎝
■とくちょう　海で成長し川にもどるタイプと、川にとどまるタイプがいる

Q ウォンバットのうんこはどんな形？

→答えは128ページ

ざんねん度
とほほほほほほ

# シロガオサキはヒゲに気をつかいすぎ

シロガオサキというサルは、オスとメスで姿がまったく違います。メスは全身が灰色ですが、**オスは真っ黒な体に顔だけ白**という独特な姿をしています。

かれらは水の飲み方も独特。ほかの生き物のように、水に顔をつっこんでがぶ飲みなんてしません。どれだけのどが乾いていても、**おしとやかに手で水をすくって飲んだり、わざわざ手首の毛を水にひたして、それを吸ったりします。**

こんな飲み方をするのは、**大事なセンサーである顔のヒゲをぬらさないため。**そのため、シロガオサキのヒゲに水をかけると、激怒します。

プロフィール

ほ乳類

| | | | |
|---|---|---|---|
| ■名前 | シロガオサキ | ■大きさ | 体長40㎝ |
| ■生息地 | 南アメリカ北東部の湿地林など | ■とくちょう | ほとんどを木の上で生活する |

# オトシブミのケンカは背伸び合戦

ほら
おれのほうが高い！
なんの
まだまだ！
よそで
やってよ……


山道を歩いていると、くるくると巻かれた葉が落ちていることがあります。これはオトシブミという昆虫のしわざで、**メスが卵を葉でていねいに包み、敵に見つからないよう守っている**のです。

一方、**オスはというと「背伸び合戦」をしています**。オトシブミの世界では、体が大きいオスほどメスにモテます。そのため**首から触覚の先までをピーンと伸ばして、ほかのオスと体の大きさを競い合っている**のです。この背伸び合戦に勝ったオスだけがメスと子どもをつくれるとはいえ、子どものために食べ物のひとつでも持ってきてほしい気持ちになります。

プロフィール

昆虫類

■名前　オトシブミ
■生息地　北海道から九州の森林
■大きさ　体長1cm
■とくちょう　オスは首が長く、メスは短い

# キーウィの卵はむだにでかい

これ はみ出ちゃうぞ
どうしましょう


ニュージーランドにすむ飛べない鳥、キーウィ。体重は2kgとニワトリとほぼ同じですが、**卵の大きさはニワトリの7倍**もあります。

あまりに巨大なため、メスは産卵間近になると、お腹が地面にふれるほどふくらみ、さらに体の中で内臓がおしつぶされて、**数日間食事もできなくなる**ほどです。

ぶじに産卵できても、まだ安心はできません。ヒナがかえるには親鳥が卵を抱く必要がありますが、卵に対してキーウィの体が小さすぎるため**卵の上のほうしかあたためられない**のです。卵を抱くオスの親鳥は、ヒナがかえるまで2か月半も休むことができません。

プロフィール

鳥類

- **名前** キーウィ
- **生息地** ニュージーランドの森林
- **大きさ** 全長50cm
- **とくちょう** くちばしの先に鼻の穴があり、においで食べ物を探せる

# ハイエナはおしりの穴に頭をつっこんで食事をする

死肉をあさったり、獲物を横取りしたりと、下品なイメージが強いハイエナ。しかし本当は、**ライオンよりも狩りが上手**で、ほかの肉食動物には食べられない**かたい骨もかみくだける**など、優秀なハンターなのです。

そんなかれらにも弱点があります。ライオンのような**するどい爪がなく、獲物の肉を切りさけない**のです。これでは、サイなど大物の死体を見つけてもお手上げ。

そこで開発したのが、**おしりの穴にズボッと頭をつっこむ技**。こうすれば内側のやわらかい内臓から食べられるわけですが、食欲が落ちてしまいそうな気もします。

プロフィール

ほ乳類

■名前　ブチハイエナ
■生息地　アフリカのサバンナ
■大きさ　体長1.4m
■とくちょう　数十頭の「クラン」というむれをつくってくらす

Q ウナギの体はどうして黒い？ →答えは132ページ

# オカモトトゲエダシャクは人生の半分をうんことして生きる

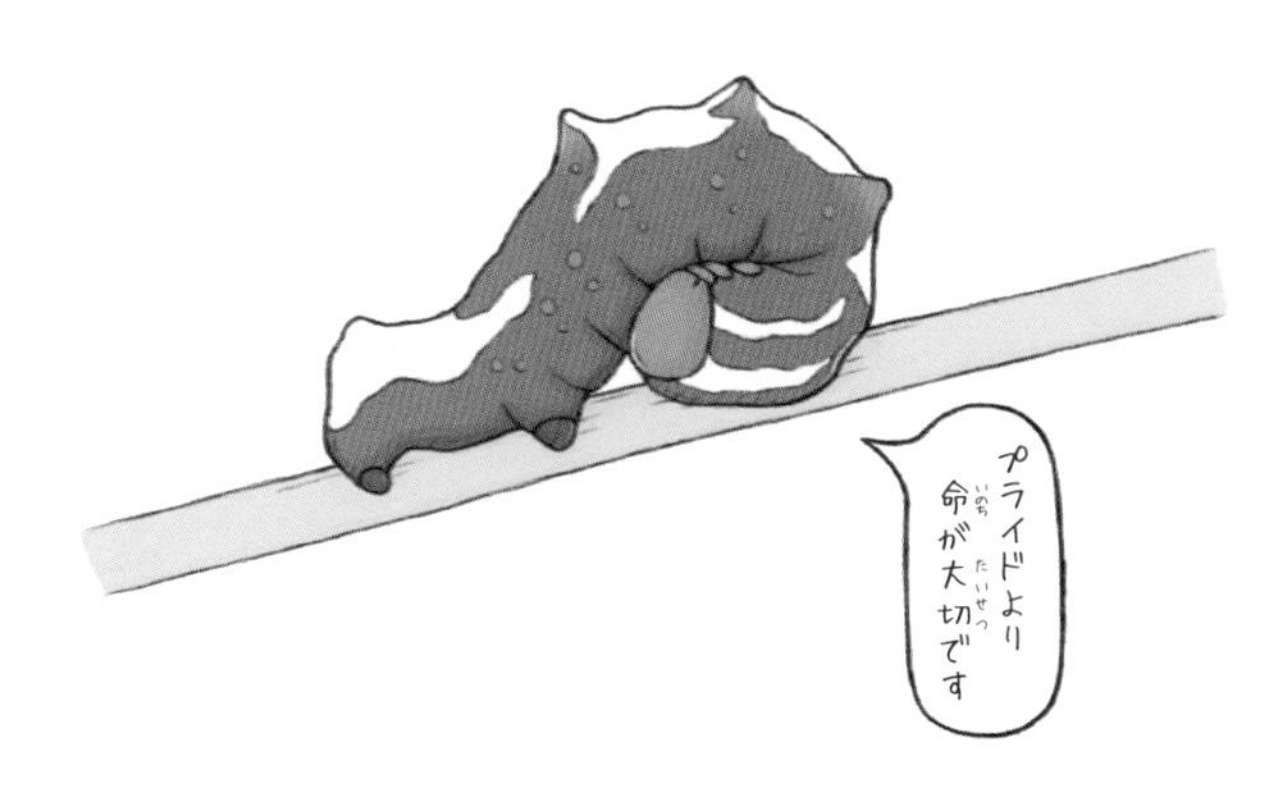


イモムシにとって、最大の敵は鳥。もし見つかれば、なすすべもなく食べられてしまいます。

そこでオカモトトゲエダシャクの幼虫は、**鳥のうんこになりすます作戦**に出ました。体の色も緑色ではなく、**黒と白のうんこカラー**に。こうして鳥に「なんだ、うんこか」と思わせ、身を守るのです。

ただし、白と黒の体は葉の上ではとても目立ちます。体が真っすぐに伸びていると「やっぱ、イモムシじゃん！」と気づかれ、逆におそわれやすくなります。そこでかれらは、**わざと体をおり曲げて「巻きぐそっぽさ」を出す**など、リアルを追求しています。

プロフィール

■ **名前**　オカモトトゲエダシャク
■ **生息地**　北海道から九州の森林
■ **大きさ**　体長2㎝
■ **とくちょう**　オスは夜の街灯に集まるが、メスはほとんど集まらない

昆虫類

# いい蜜をもってこられないハチは、待ちぼうけ

働きバチの仕事には、**花の蜜を巣までもち帰る**「**運搬係**」と、**蜜を巣の中にしまう**「**貯蔵係**」があります。

運搬係は、花から蜜をもち帰ると、巣の中にいる貯蔵係に渡します。ところがこのとき、「蜜の品質テスト」があるのです。

せっかく運搬係が蜜を集めても、**あまさが足りなかったり、質が悪かったりすると、貯蔵係は受け取ってくれません**。あまくて質の高い蜜から順番に受け取って、巣にためていくのです。受け取ってもらえなかった運搬係は、**自分の順番が回ってくるまで、ひたすら待ち続ける**しかありません。

プロフィール

■**名前**　ニホンミツバチ
■**生息地**　本州、四国、九州の山地
■**大きさ**　体長1.2㎝（働きバチ）
■**とくちょう**　働きバチはすべてメスで、オスバチは働かない

昆虫類

ざんねん度
とほほほほ

# アオミノウミウシは見た目は天使だけど、毒まみれ

アオミノウミウシは、水面に浮かぶ姿がとても美しく「青い天使」ともよばれます。ほかのウミウシのなかまが「海のナメクジ」とよばれているのとは、大違いです。

そんな高貴なアオミノウミウシですが、**好物はなんとカツオノエボシやギンカクラゲといった猛毒のクラゲ**。「毒なんて食べたら死ぬよ」と心配になってしまいますが、かれらはこれらのクラゲを食べることで、**せっせと毒を体にためています**。そして、**おそってきた敵をその毒で追いはらう**のです。

見た目は天使でも、やっていることは悪魔。うっかり手を出すと痛い目を見ることになります。

プロフィール

腹足類

■名前　アオミノウミウシ
■生息地　熱帯から温帯の外洋
■大きさ　体長3㎝
■とくちょう　ふだんはお腹を上にして海面に浮かんでいる

# アオバトはわざわざ海にやってきて、おぼれる

荒波を乗りこえてこそ強くなる

オリーブ色の体が美しいアオバト。ふだんは森でくらしていますが、**わざわざ海岸までやってきて海水を飲むこと**があります。

かれらは、いつも木の実や草の種を食べていますが、それだけだと「ミネラル」という生きるのに欠かせない栄養がとれません。そこで、**ミネラルがたっぷり入った海水を飲んで、足りない栄養をおぎなっている**と考えられますが、真実はわかっていません。

たまに聞こえる**「ウーウワァーオー」といううぶきみな鳴き声**は、波にさらわれて命を落とす危険をおかしてまで海水を飲まなくてはならない、かれらの心のさけびのように思えてきます。

**プロフィール**

鳥類

- **名前**　アオバト
- **生息地**　日本、台湾、中国の森林
- **大きさ**　全長33㎝
- **とくちょう**　うなるような鳴き声から「魔王バト」ともよばれる

# ざんねんな人間たちによるざんねんな昔話

昔話のなかには、
生き物たちの実態とは、
かけはなれたものもあります。
いまだから言える本音や
真実を語ってもらいましょう。

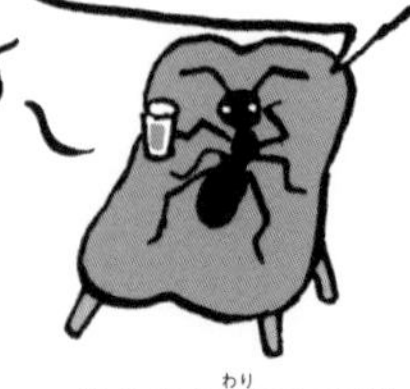

本気で働くアリは
2割だけですけどね


ほかの6割のアリはまあまあ働き、残り2割はサボりまくっています

**桃太郎**

桃からうまれた桃太郎は、道すがら出会ったイヌ、サル、キジをおともにして、いっしょに鬼ヶ島へと鬼退治に向かいました。

わたし ねらわれて
います……
おいしそう…
日本一


キジは昔から人に狩られたり、イヌに捕食されたりしています

## アリとキリギリス

夏の間に働いて食料をたくわえていたアリと、遊び歩いていたキリギリス。冬になって食料のないキリギリスはアリに助けを求めますが、アリは取り合いません。

ただ寿命で死んだだけです……
タハハ


キリギリスの成虫は夏の間の約２か月しか生きられません

## ウサギとカメ

競走することになったウサギとカメ。地道に歩き続けたカメは、油断して途中で寝てしまったウサギを追いこしてゴールにたどり着きます。

目を開けて寝てたんだけどな…


おくびょうなため、周囲を警戒して目を開けて寝ることがあります

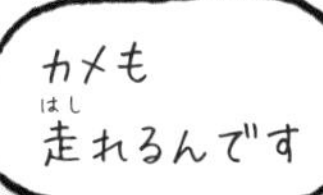

アカミミガメなど一部のカメは、陸上では、走るようにすばやく逃げたりします

進化のじまん話

# 4 こだわりのわが家

アマミホシゾラフグだよ。
ぼくは1週間かけて、海底に大きな愛の巣をつくるんだ。
中心から外に向かって溝がほってあるんだけど、
この溝は、卵に新鮮な海水をあたえるためのものなんだ。
メスが気に入ってくれれば、ここで子育てが始まるよ。

ミツバチの、オスミア・アボセッタです。
わたしはむれないミツバチだから、単独で巣をつくるんです。
泥でできた「つぼ」の外側と内側に花びらの壁紙をはって、
卵ひとつといっしょに、蜜と花粉をたっぷり満たします。
子どもの新居、ロマンチックでしょ？

**アマミホシゾラフグ**
全長12㎝ほどだが、
2mの巣をつくる

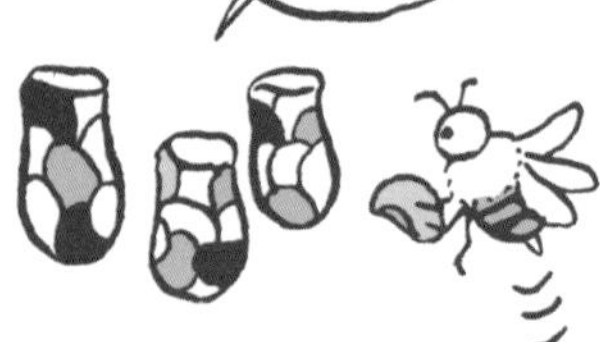

**ミツバチ**（**オスミア・アボセッタ**）
1～1.5㎝くらいの巣を卵ひとつごとにつくる

このボクが、ニワシドリさ。
美意識がとっても高いから、ゴージャスな愛の舞台をつくって、
近寄ってきたメスを、ボクの美声とダンスで魅了するのさ。
でも、メスとめでたく結ばれたら、ここは用なし。
メスは別の場所で巣をつくって子育てしちゃうのさ……。

大変だったけど
大きくてりっぱな家が
できたなあ
うちは花の壁紙で
飾ってみたよ！
お子さん、すくすく
育つといいですねえ
やっとできた……
この家どうかな？
ドヤア
めっちゃでかい！
ロマンチック！
まあ　すまない
んだけどね
うそで
しょ!?
フッ

**ニワシドリ**
巣の大きさが4～5mになるものも

ねん

# 第6章

# 一方的にざんねん

生き物はだれしも、ひとり、1種だけで
生きているわけではありません。
そのなかで、「なんだか損をしているよね」と
同情したくなってしまう生き物たちを見てみましょう。

# ミーアキャットはクロオウチュウにだまされる

キケン
キケン

ミーアキャットにとって、クロオウチュウという鳥は頼れる存在です。**敵が近づくと、鳴き声で危険を知らせてくれる**のです。ミーアキャットにも見張り役はいますが、高い位置から見張れるクロオウチュウにはかないません。

ただしクロオウチュウはくせ者で、**ミーアキャットが食べ物を手に入れたときに「うそ鳴き」をする**こともあります。「敵がきた！」と思ったミーアキャットは食べ物を置いて逃げるので、そのすきに食べ物をかっさらうのです。

一度だまされたのなら、もう無視すればいいようなものですが、**本当に敵がくるときもあるので、結局逃げるしかありません。**

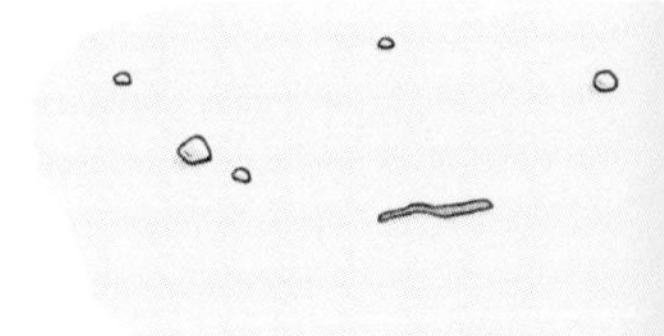

**プロフィール**

ほ乳類

- **名前**　ミーアキャット
- **生息地**　アフリカ南部の平原、サバンナ
- **大きさ**　体長30cm
- **とくちょう**　なかま同士でじゃれ合ったり毛づくろいもする

ざんねん度
とほほほほほ

# コツチバチはランの花に何度もアタックしてしまう

植物の多くは、あまい蜜と引きかえに、花粉を運んでもらいます。ところが、ハンマーオーキッドというランの花は、**「ものまね」でハチをだまして花粉を運ばせる**ことにしました。

ハンマーオーキッドの花は、形や色、においまで、コツチバチのメスにそっくり。すっかりだまされたオスバチは、交尾しようと花にしがみつきます。するとその瞬間、背負い投げのように花がぐるりと回転し、**オスバチの背中にべたりと花粉がつけられる**のです。

交尾に失敗したと思ったオスバチは**こりずに別の花にしがみつく**ので、**受粉だけが完了します。**

プロフィール

昆虫類

■名前　コツチバチ
■生息地　オーストラリア西部
■大きさ　体長1cm
■とくちょう　メスだけに針があって刺すことができる

Q カカポはどうして飛べなくなった？　→答えは146ページ

ざんねん度
とほほほほほほ

# ツチハンミョウはハナバチに出会えないと生きていけない

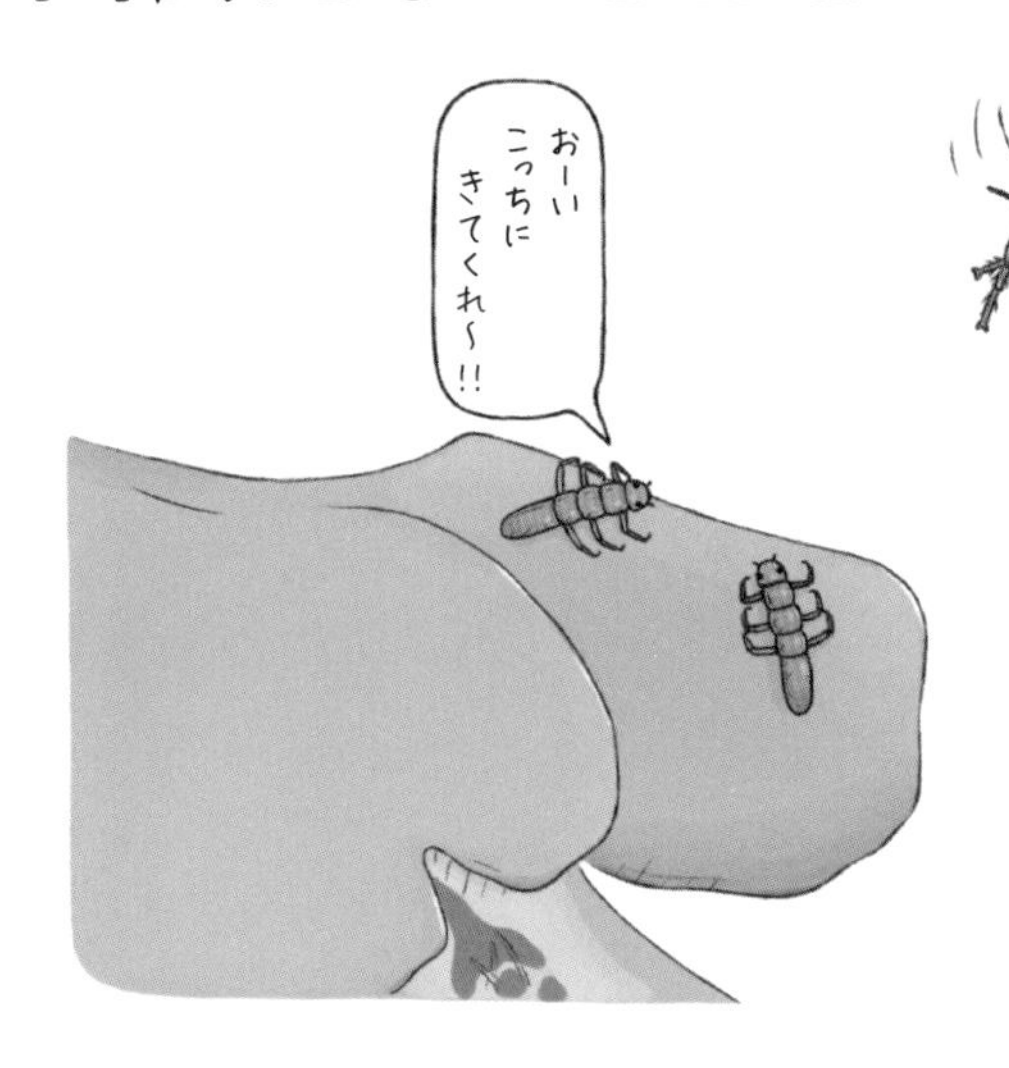


ツチハンミョウのメスは、土の中に数千個もの卵をうみます。その後、卵からかえった幼虫たちは、地上に出て草をよじ上り、花の中に身をかくします。ここで、**ハナバチのメスがやってくるのをひたすら待ち続けるの**です。

いざハナバチのメスがやってくると、幼虫たちはすばやくハチの体にとりつきます。そして、そのまま**ハナバチの巣まで運ばれ、中にあるハナバチの卵や集めた花の蜜などを食べて成長する**のです。

しかし、ハナバチに会えるかどうかは完全に運まかせ。**乗りおくれたり、違う虫にとりついたりした場合も、死ぬしかありません。**

プロフィール

昆虫類

| | | | |
|---|---|---|---|
| ■名前 | ヒメツチハンミョウ | ■大きさ | 体長2㎝ |
| ■生息地 | 本州、四国、九州の草原など | ■とくちょう | 成虫はカンタリジンという毒の液体を出して身を守る |

# シクリッドが口の中で大切に育てているのは、カッコウナマズの卵

かわいいかわいい
わたしの子どもたち
逃げろ〜


　アフリカの湖にすむシクリッドは、**うんだ卵をほかの魚に食べられないように、口の中で育てます**。メスは一度に2〜3個の卵をうみ、オスが精子をかけて受精させると、その受精卵をメスが口の中に入れるのです。これを何時間もくり返すことで、10〜100個もの卵が口の中におさまります。

　この習性に目をつけたのが、カッコウナマズ。かれらはシクリッドの**産卵の最中に、すばやく自分の卵をまぎれこませます**。しかもカッコウナマズの卵のほうが先にかえり、本当の子どもである**シクリッドの卵は食べられてしまう**というから、踏んだり蹴ったりです。

プロフィール

硬骨魚類

■名前　クテノクロミス・ホーレイ
■生息地　東アフリカの湖、河川
■大きさ　全長17cm
■とくちょう　たまに口から卵をはき出すこともある

A 144ページの答え→　太りすぎたから

ざんねん度
とほほほほほほほほ

# ウミグモはエボシガイたちのタクシーにされる

防波堤のへりや流木を見ると、フジツボやエボシガイがよくくっついています。かれらは歩けませんが、クジラやウミガメにくっつくことで、世界中の海に広がることに成功しました。

海底でくらすウミグモも、かれらに**乗り物として使われています。**お礼に食べ物でもくれればいいのですが、見返りはなし。それどころか、大きなエボシガイがくっつくと**思いどおりに動けなくなる**うえ、**体の表面がふさがれて呼吸もしづらくなってしまう**のだとか。

とはいえ、ウミグモの**体の80％は足**なので、タクシーがわりに使いたくなる気持ちもわかります。

プロフィール

鋏角類

■**名前**　アンモテア・グラキアリス
■**生息地**　南極周辺の海底
■**大きさ**　体長25㎝
■**とくちょう**　オスには歩くための足以外に卵を抱くための足がある

# バッタはエントモファガ・グリリにミイラにされる

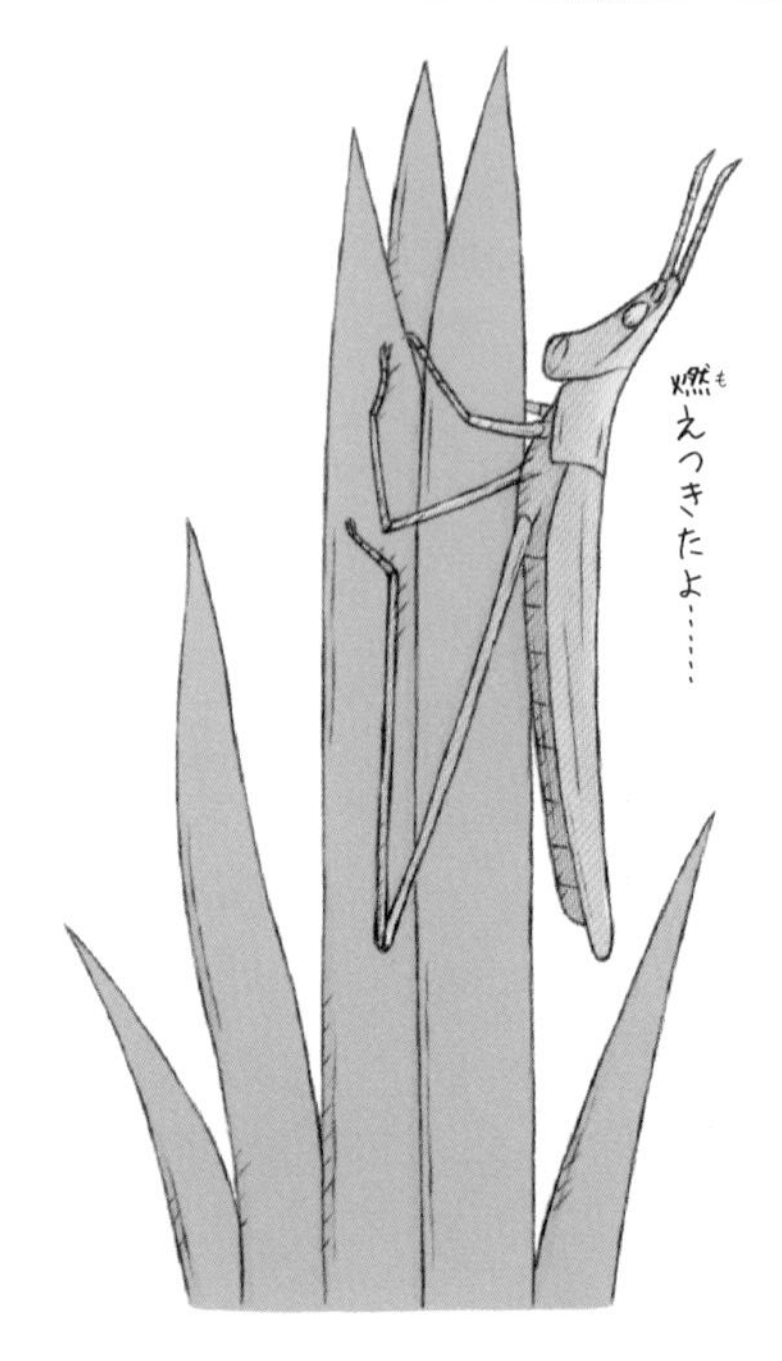


エントモファガ・グリリという菌がいます。言葉だけ聞くと黒魔術のようですが、あながち外れではありません。この菌は、別名「バッタカビ」といい、バッタに寄生してミイラに変えてしまうのです。

菌に寄生されたバッタは、植物の上のほうに登り、落ちないように**くきに足をからめた状態で死にます**。その後、バッタの中ではエントモファガ・グリリの胞子がつくられ、**バッタがミイラ化すると、体から胞子が出て、風で飛ばされます**。

つまりバッタは、**より遠くまで飛ばすためのエレベーターがわりに利用されている**のです。

プロフィール

昆虫類

| | | | |
|---|---|---|---|
| ■名前 | ショウリョウバッタ | ■大きさ | 体長4.5cm（オス） |
| ■生息地 | ユーラシア大陸の草原など | ■とくちょう | 飛ぶときに「キチキチキチ」と鳴く |

Q ハエはどこで味を感じる？ ➡答えは150ページ

# ゴキブリはセナガアナバチにゾンビにされる

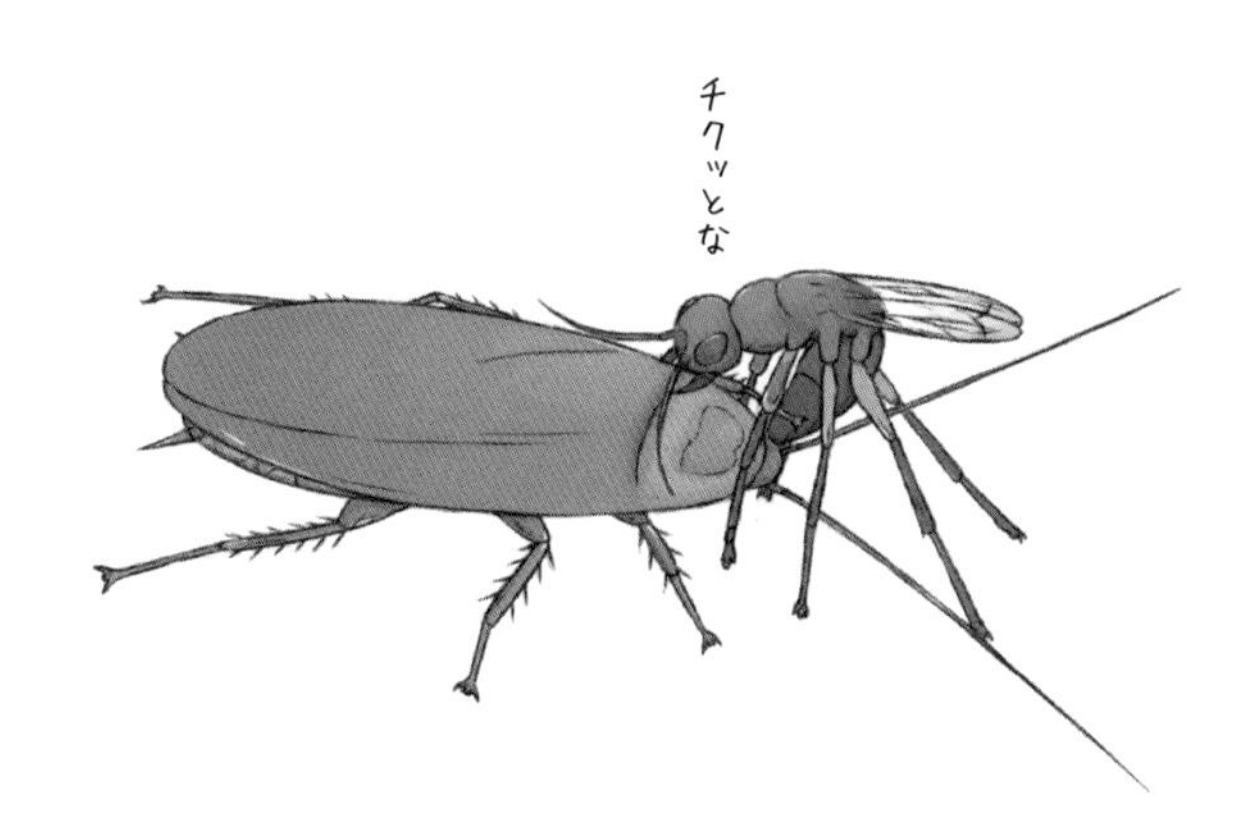


バッタをミイラにする菌だけでなく、ゴキブリをゾンビにする虫もいます。セナガアナバチは、ゴキブリを見つけると、**脳に針を刺して毒を注入**。するとゴキブリは、まるでゾンビのように体がまひして動けなくなってしまいます。

しかし本当におそろしいのは、ここから。動けなくなったゴキブリは**巣穴に連れていかれ**、**体に卵をうみつけられます**。そして卵がかえると、ハチの幼虫たちに**少しずつ体を食べられる**のです。

成長したセナガアナバチは新たなゴキブリ探しの旅に出かけるというから、「もうやめてあげて」と言ってあげたくなります。

プロフィール

昆虫類

■ **名前**　ワモンゴキブリ
■ **生息地**　世界中の熱帯から亜熱帯
■ **大きさ**　体長3cm
■ **とくちょう**　メスはおよそ週に1度、15個ていどの卵をうむ

# 麹菌は納豆菌の勢いについていけない

みなさんは、しょうゆ、みそ、日本酒の共通点がわかりますか？正解は、「麹菌」という同じカビからつくられていることです。

カビといっても、**食品に使われている麹は食べても安全**。それどころか免疫力を高め、肌をきれいにするうれしい効果もあります。

ところが、**すぐそばには納豆という天敵がひそんでいました**。納豆は、大豆に「納豆菌」という細菌を加えてつくりますが、この納豆菌が少しでも近くにあると、麹菌は**育つ場所をうばわれてしまう**のです。か弱い麹菌を守るため、みそやしょうゆの工場で働く人には、納豆禁止令が出されます。

プロフィール

菌類

■名前　ニホンコウジカビ
■生息地　ー
■大きさ　胞子の大きさ5μm
■とくちょう　もとは自然界にいた猛毒を出す菌を人間が改良した

ざんねん度 とほほほほ

# チゴハヤブサはカラスが大きらいなのに、カラスの巣にすむ

チゴハヤブサは、ハトと同じサイズの※猛禽類。日本でも中部地方より北側で見ることができ、街中にあらわれることもあります。

かれらの敵は、わたしたちにもなじみの深い鳥、カラス。ハヤブサのほうが強そうですが、意外にも**カラスにヒナをねらわれ、食べられてしまうこともある**そうです。

それなのにチゴハヤブサは、**カラスの古巣にすむ**ことがあります。広大な野山とは異なり、**街中では巣をつくれる場所を探すのもひと苦労**。そこで、中古物件に目をつけたというわけです。

都会で生きるには、好ききらいはいっていられないのですね。

※するどいくちばしや爪でほかの動物を捕食する鳥

プロフィール

鳥類

- **名前**　チゴハヤブサ
- **生息地**　ヨーロッパから東アジアの林や草原
- **大きさ**　全長30cm
- **とくちょう**　スピードが速く、飛びながら小鳥や昆虫をとらえる

# イチジクコバチはイチジクに運命(うんめい)の選択(せんたく)をせまられる

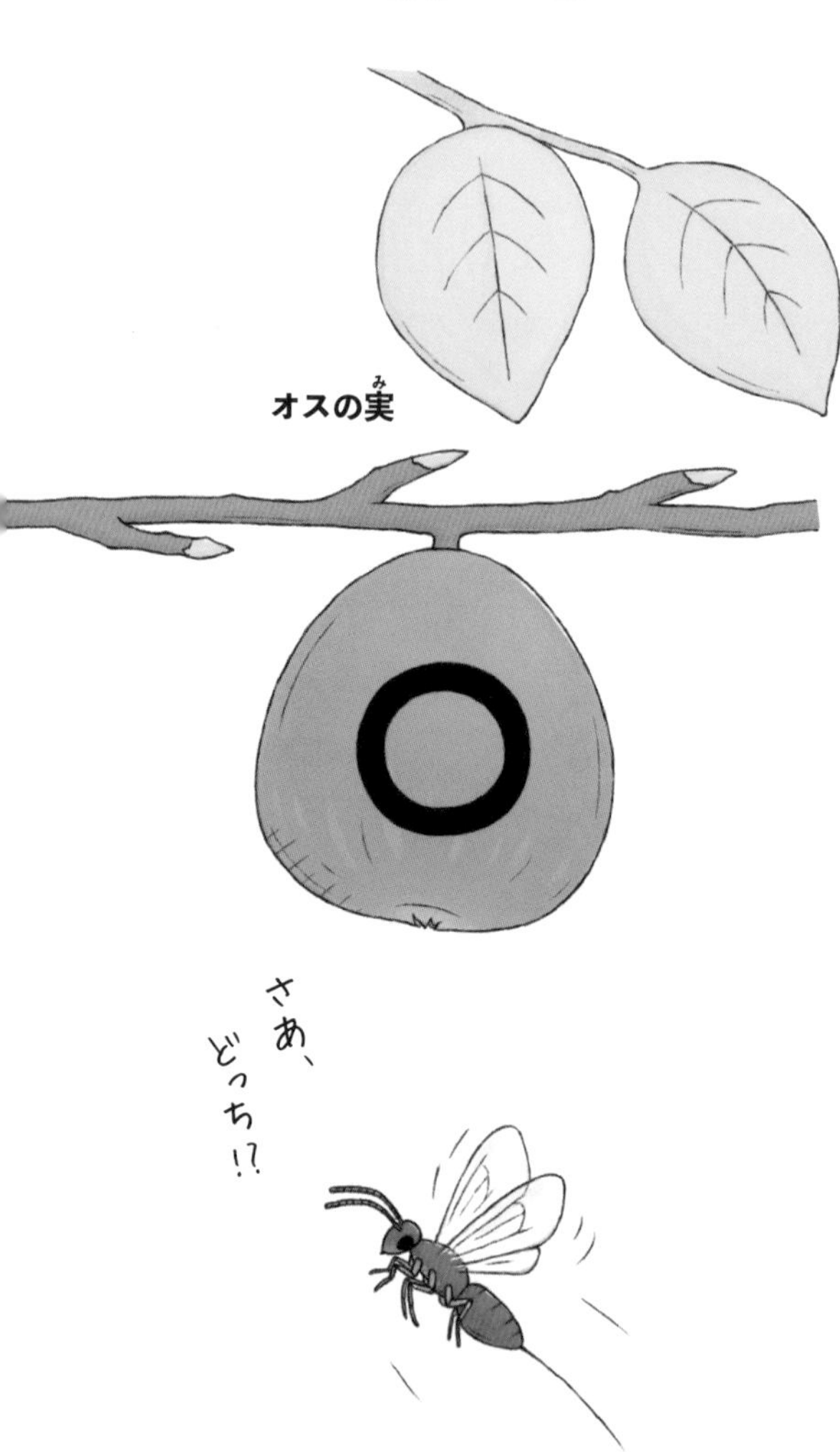


Q アホウドリのうんこでできた国(くに)はどこ？ →答(こた)えは154ページ

イチジクには、オスの実とメスの実があり、そのキューピッドとなるのがイチジクコバチです。

イチジクコバチは**オスの実の中でうまれます**。そして、やがてメスは産卵のために外へ飛び出すのですが、このとき体についた**花粉がメスの実に届くことで、イチジクは受粉し、種をつくれる**のです。

ただし、**実がオスかメスかは中に入るまでわかりません**。もしオスの実だった場合、イチジクコバチは卵をうめますがイチジクは受粉できません。逆にメスの実だった場合、イチジクは受粉できますが、イチジクコバチは**中にある雌花がじゃまで卵をうめずに死んでしまう**のです。究極の運試しです。

**プロフィール**

昆虫類

■**名前**　イチジクコバチ

■**生息地**　熱帯から温帯の平地、林

■**大きさ**　体長2㎜

■**とくちょう**　オスはイチジクの実から出ることなく一生を終える

# ヒグラシはセミヤドリガにいいように使われる

夏の終わり、夕暮れ時になると「カナカナカナ……」と、高くか細い声で鳴くヒグラシ。

そのお腹を見ると、まれに**小さなマシュマロのようなものがくっついています**。じつはこれ、セミヤドリガという寄生虫。

セミヤドリガの幼虫は、木にやってきたセミの**腹部にとりつき、セミの体液を吸いながら成長します**。そして充分な栄養をもらうと、白い糸を木の枝にたらし、まるでスパイダーマンのように再び木にもどって、サナギになるのです。

一方のヒグラシは、**寄生されても死なないどころか、存在にすら気づいていない**ようです。

プロフィール

昆虫類

■**名前** ヒグラシ
■**生息地** 日本や中国の森林など
■**大きさ** 体長3.3cm(オス)
■**とくちょう** 早朝や夕方など、うす暗い時間にあらわれる

ざんねん度
とほほほほほほほほほ

# ナンバンギセルはもうしわけなさそうにススキと生きる

ナンバンギセルは、ススキなど背の高い植物のかげにかくれて、薄紫色の小さな花を咲かせます。**うつむきぎみに花を咲かせる姿**が、まるで恋に悩む女性のようであることから、『万葉集』でも「思ひ草」として歌によまれました。

しかし、地中でやっていることは極悪です。ナンバンギセルは自分では栄養をつくらず、ススキなどの根にくっついて**栄養を横取りします**。寄生された植物は成長をじゃまされるだけでなく、最悪の場合、死んでしまうことも。**宿主が死んだら、ナンバンギセルもあとを追うように絶命する**というから、破滅型のやばいやつです。

プロフィール

植物

- **名前**　ナンバンギセル
- **生息地**　アジア東部から南部の草原
- **大きさ**　高さ10㎝
- **とくちょう**　花の形がタバコを吸う「キセル」に似ている

# さくいん

この本に出てきた生き物を、近いなかまごとに紹介します

## 脊索動物

脊椎（背骨）や脊索（原始的な背骨）をもつ動物

### ほ乳類

親と似た姿の子どもをうみ、乳で育てる。体温が一定で、肺呼吸をする



### 鳥類

卵からうまれ、翼で空を飛ぶものが多い。体温が一定で、肺呼吸をする

## は虫類

卵からうまれる。まわりの温度によって体温が変化し、肺呼吸をする



## 両生類

卵からうまれる。まわりの温度によって体温が変化する。子どものときは水中でえら呼吸、おとなになると肺呼吸に変わる



## 硬骨魚類

多くが卵からうまれ、水中で生活し、ヒレを使って泳ぐ。まわりの温度によって体温が変化する



## 軟骨魚類

卵からうまれるものと、親と似た姿の子どもをうむものがいる。水中で生活し、ヒレを使って泳ぐ。骨がやわらかい



# 無脊索動物

脊椎（背骨）や脊索（原始的な背骨）をもたない、脊索動物以外の動物

## 昆虫類

体は頭、胸、腹にわかれている。多くは触角と羽をもつ。足は3対6本

## 植物



## 菌



A 156ページの答え→ 太陽をおがむ

## おもな参考文献

『小学館の図鑑NEO動物』(小学館)

『小学館の図鑑NEO植物』(小学館)

『小学館の図鑑NEO魚』(小学館)

『小学館の図鑑NEO鳥』(小学館)

『小学館の図鑑NEO昆虫』(小学館)

『小学館の図鑑NEO両生類・はちゅう類』(小学館)

『小学館の図鑑NEO水の生物』(小学館)

『小学館の図鑑NEO恐竜』(小学館)

『小学館の図鑑NEOきのこ』(小学館)

『標準原色図鑑全集別巻　動物I・II』(保育社)

『世界哺乳類図鑑』(新樹社)

『講談社の動く図鑑 WONDER MOVE生きもののふしぎ』(講談社)

『講談社の動く図鑑 MOVE 動物』(講談社)

『動物のふしぎ大発見』(ナツメ社)

『図解雑学　昆虫の不思議』(ナツメ社)

『NHKダーウィンが来た!　生きもの新伝説　ビックリ生きものクイズ』(NHK出版)

『ふしぎな昆虫大研究』(KADOKAWA)

『知識ゼロからの珍獣学』(幻冬舎)

『哺乳類の進化』(東京大学出版会)

『変な鳥ヤバイ鳥どでか図鑑』(エイ出版)

『絶滅した奇妙な動物』(ブックマン社)

『動物進化図鑑』(ブックマン社)

『昆虫　信じられない能力に驚く本』(河出書房新社)

『動物たちの奇行には理由がある1・2』(技術評論社)

## おもな参考URL

ナショナルジオグラフィックhttps://natgeo.nikkeibp.co.jp/

監修者

**今泉忠明**　いまいずみ ただあき

1944年東京都生まれ。東京水産大学（現 東京海洋大学）卒業。国立科学博物館で哺乳類の分類学・生態学を学ぶ。文部省（現 文部科学省）の国際生物学事業計画（IBP）調査、環境庁（現環境省）のイリオモテヤマネコの生態調査などに参加する。トウホクノウサギやニホンカワウソの生態、富士山の動物相、トガリネズミをはじめとする小型哺乳類の生態、行動などを調査している。上野動物園の動物解説員を経て、「ねこの博物館」（静岡県伊東市）館長。その著書は多数。



おもしろい！進化のふしぎ

**さらにざんねんないきもの事典**

監修者　今泉忠明
発行者　高橋秀雄
編集者　山下利奈
発行所　**株式会社 高橋書店**
〒170-6014 東京都豊島区東池袋3-1-1 サンシャイン60 14階
電話　03-5957-7103

ISBN978-4-471-10387-3　

本書の内容についてのご質問は「書名、質問事項（ページ、内容）、お客様のご連絡先」を明記のうえ、郵送、FAX、ホームページお問い合わせフォームから小社へお送りください。

回答にはお時間をいただく場合がございます。また、電話によるお問い合わせ、本書の内容を超えたご質問にはお答えできませんので、ご了承ください。

本書に関する正誤等の情報は、小社ホームページもご参照ください。

**【内容についての問い合わせ先】**
書　面　〒170-6014 東京都豊島区東池袋3-1-1 サンシャイン60 14階
高橋書店編集部
F A X　03-5957-7079
メール　小社ホームページお問い合わせフォームから　（https://www.takahashishoten.co.jp/）

**【不良品についての問い合わせ先】**

ページの順序間違い・抜けなど物理的欠陥がございましたら、電話03-5957-7076へお問い合わせください。ただし、古書店等で購入・入手された商品の交換には一切応じられません。